HUAWEI

华为"1+X"职业技能
等级证书配套系列教材

U0647143

5G移动通信网络
部署与运维 初级

华为技术有限公司 | 编著

5G Mobile Communication Network Deployment
and Operation & Maintenance (Junior Level)

人民邮电出版社
北 京

图书在版编目（CIP）数据

5G移动通信网络部署与运维：初级 / 华为技术有限
公司编著. -- 北京：人民邮电出版社，2023.1
华为"1+X"职业技能等级证书配套系列教材
ISBN 978-7-115-60195-7

Ⅰ．①5… Ⅱ．①华… Ⅲ．①无线电通信－移动通信
－通信技术－教材 Ⅳ．①TN929.5

中国版本图书馆CIP数据核字(2022)第183976号

内 容 提 要

本书是 5G 移动通信网络部署与运维（初级）教材。本书共 4 章，包括 5G 无线网络原理概述、5G 无线基站产品介绍、5G 无线站点设备硬件安装规范及实操、5G 通用操作安全保障。本书注重相关职业素养的养成和专业技能的训练，采用理实结合、讲练结合的方式构建内容。

本书既可用作 5G 移动通信网络部署与运维职业技能等级证书考试的教学和培训教材，又可作为高校教材，同时可作为从事 5G 移动通信系统工程施工、5G 网络建设、5G 网络运维等工作的技术人员的参考用书。

◆ 编　　著　华为技术有限公司
　　责任编辑　郭　雯
　　责任印制　王　郁　焦志炜
◆ 人民邮电出版社出版发行　　北京市丰台区成寿寺路 11 号
　　邮编　100164　　电子邮件　315@ptpress.com.cn
　　网址　https://www.ptpress.com.cn
　　固安县铭成印刷有限公司印刷
◆ 开本：787×1092　1/16
　　印张：10.75　　　　　　　　　2023 年 1 月第 1 版
　　字数：287 千字　　　　　　　2025 年 1 月河北第 4 次印刷

定价：49.80 元

读者服务热线：(010)81055256　印装质量热线：(010)81055316
反盗版热线：(010)81055315
广告经营许可证：京东市监广登字 20170147 号

编写委员会

前言 PREFACE

　　"1+X"证书制度是《国家职业教育改革实施方案》确定的一项重要改革举措，是职业教育领域的一项重要制度设计创新。面向职业院校和应用型本科院校开展"1+X"证书制度试点工作是落实《国家职业教育改革实施方案》的重要措施之一。为了使5G移动通信网络部署与运维职业技能等级标准顺利推进，帮助学生通过5G移动通信网络部署与运维认证考试，华为技术有限公司组织编写了5G移动通信网络部署与运维（初级、中级、高级）三本教材。整套教材遵循5G移动通信网络部署与运维的专业人才职业素养养成和专业技能积累规律，将职业能力、职业素养和工匠精神融入教材内容。

　　作为全球领先的ICT（信息与通信技术）基础设施和智能终端提供商，华为技术有限公司的产品已经涉及数据通信、安全、无线、存储、云计算、智能计算和人工智能等诸多方面。本书以职业技能等级标准为编写依据，以华为5G无线基站设备（基带单元BBU和射频单元RRU/AAU/pRRU）为平台，以无线基站工程项目为依托，从行业的实际需求出发组织全部内容。本书主要特色如下。

　　（1）在编写思路上，本书遵循5G移动通信技能人才的成长规律，5G移动通信知识传授、5G移动通信技能积累和职业素养增强并重，通过从5G无线网络原理阐述到5G无线站点产品介绍，再到站点硬件安装规范和具体实施的完整过程，读者既能充分备战"1+X"证书考试，又能积累项目经验，最后达到学习知识和提升能力的目的，为适应未来的5G工作岗位奠定坚实的基础。

　　（2）在目标设计上，本书以"1+X"证书考试、5G无线站点工程部署和移动通信设备安装等技能需求为导向，培养读者的5G网络工程建设和部署能力、根据工程规范加强读者对5G基站的设备进行识别与安装的能力，基础硬件制作与维护能力，分析和解决实际工程问题的能力以及创新能力，培养目标明确，实用性强。

　　（3）在内容选取上，本书以5G移动通信网络部署与运维（初级）职业技能等级标准为编写依据，坚持集先进性、科学性和实用性为一体，尽可能覆盖新的且实用的5G移动通信技术。

　　本书作为教学用书的参考学时为32～48学时，各章及课程考评的参考学时如下。

课程内容	参考学时
第1章　5G无线网络原理概述	8～12
第2章　5G无线基站产品介绍	10～14
第3章　5G无线站点设备硬件安装规范及实操	10～14
第4章　5G通用操作安全保障	2～4
课程考评	2～4
学时总计	32～48

　　本书由华为技术有限公司组织编写，广东轻工职业技术学院的陈岗、成超和司徒毅撰写了本书的具体内容，陈岗负责统稿，华为技术有限公司的周进军、侯磊、罗杰、何小国、吴云霞为本书的编写提供技术支持，并审校全书。

　　由于编者水平和经验有限，书中不妥及疏漏之处在所难免，恳请读者批评指正。读者可登录人邮教育社区（www.ryjiaoyu.com）下载本书相关资源。

编　者
2022年5月

目录 CONTENTS

第4章

5G 通用操作安全保障 ······153

第1章

5G无线网络原理概述

01

第五代（5th Generation，5G）移动通信技术相比 4G，不仅可以实现超高峰值速率的场景应用，还能实现超低时延和超大规模连接的场景应用。为了实现这些场景应用，5G 的网络架构和空中接口（简称空口）采用了全新的设计。

本章将分别介绍移动通信网络演进及 5G 标准进展，5G 无线网络设备组网架构，5G 频段、空口和无线网络关键技术等相关知识。

本章学习目标

- 了解移动通信网络的演进过程
- 掌握非独立组网和独立组网架构的区别
- 掌握 5G 无线网络关键技术

1.1 移动通信网络演进及 5G 标准进展

随着移动通信技术的不断发展，以及人们对移动通信业务需求的不断增加，移动通信系统已经经历了 5 代的变革，其整体演进过程如图 1-1 所示。

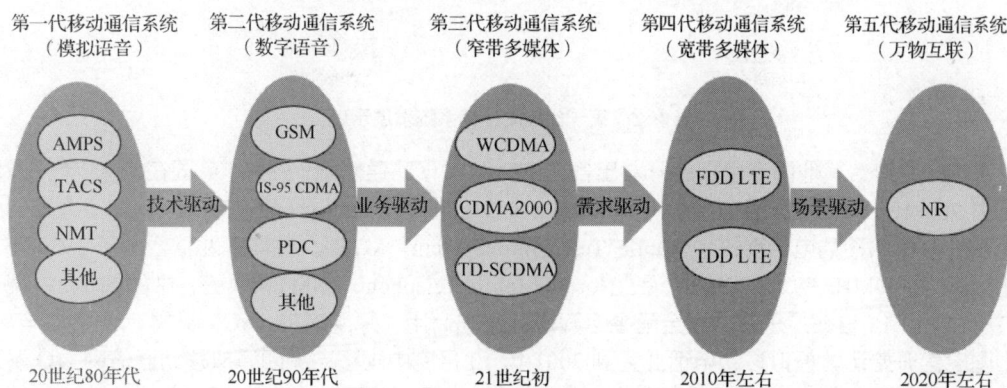

图 1-1　移动通信网络整体演进过程

第一代是 20 世纪 80 年代开始商用的第一代移动通信系统（模拟语音），采用的是模拟通信，"大哥大"就是那个时代的终端代表，当时只能拨打模拟语音电话。随着数字通信技术的发展，到了 20 世纪 90 年代，第二代移动通信系统（数字语音）开始商用，"手机"的概念出现了，相比之前的"大哥大"，手机更加小巧、轻便，不仅可以拨打数字语音电话，还能发短信。在之后的 10

年间，随着移动数据业务通信需求的增加，到了 21 世纪初，第三代移动通信系统（窄带多媒体）应运而生，相比第二代移动通信系统的数字语音业务，第三代移动通信系统不仅可以实现手机浏览网页，还可以实现在线观看视频等多媒体业务，且在第三代移动通信系统发展的后期出现了"智能手机"的概念。2010 年左右，随着移动用户数的增长以及对高速数据业务需求的增加，第四代移动通信系统（宽带多媒体）开始商用，终端变得越来越智能，不仅可以实现在线观看多媒体视频、高清数字语音业务，还可以实现数据上网业务和语音业务双并发功能。经过 10 年的发展，2020 年左右，随着不同行业对不同场景通信以及超高速率通信需求的增加，第五代移动通信系统（万物互联）开始商用，通信场景从个人通信演变成万物互联，终端也从传统且单一的手机端，变成智能汽车、虚拟现实（Virtual Reality，VR）眼镜、无人机等各种智能终端设备。

本节主要对每一代移动通信网络演进过程进行详细介绍。

1.1.1 移动通信网络演进

1. 第一代移动通信系统

（1）第一代移动通信系统发展概述

第一代（1st Generation，1G）移动通信系统（简称 1G 系统）最早诞生在 20 世纪 40 年代，最初是美国底特律警察使用的车载无线电系统，主要采用大区覆盖技术。1978 年年底，美国贝尔实验室成功研制了高级移动电话系统（Advanced Mobile Phone System，AMPS），建成了蜂窝状移动通信网，这是第一种真正意义上的具有即时通信能力的大容量蜂窝状移动通信系统。第一代移动通信系统发展示意如图 1-2 所示。1983 年，AMPS 首次在美国芝加哥投入商用并迅速推广。到 1985 年，AMPS 的应用已扩展到了美国大多数地区。

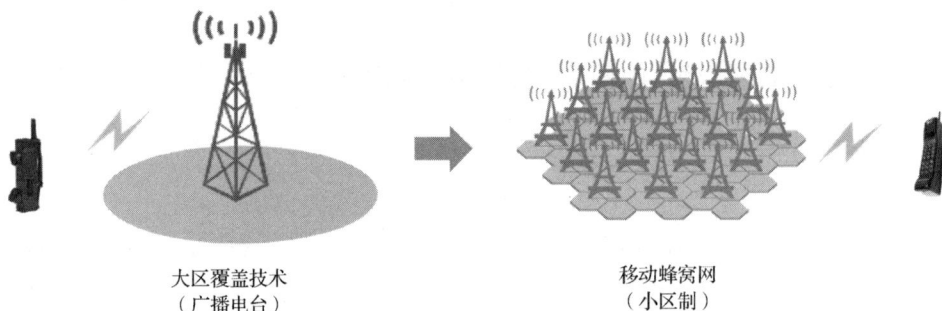

大区覆盖技术　　　　　　　　　　　移动蜂窝网
（广播电台）　　　　　　　　　　　（小区制）

图 1-2　第一代移动通信系统发展示意

除美国之外，其他国家也相继开发出各自的蜂窝状移动通信网。例如，英国在 1985 年开发出频段为 900MHz 的全接入通信系统（Total Access Communication System，TACS）；加拿大推出频段为 450MHz 的移动电话系统（Mobile Telephone System，MTS）；瑞典等北欧四国于 1980 年开发出频段为 450MHz 的北欧移动电话（Nordic Mobile Telephone，NMT）系统；中国的 1G 系统于 1987 年 11 月 18 日在广东第六届全运会上开通并正式商用，采用的是 TACS 制式。从 1987 年 11 月中国电信开始运营模拟移动电话业务到 2001 年 12 月底中国移动关闭模拟移动通信网，1G 系统在中国的应用长达 14 年，用户最高达到了 660 万户。图 1-3 所示为"1G 时代"像砖头一样的手持终端代表"大哥大"，其已经成为很多人的回忆。

（2）1G 系统的关键技术和性能特点

① 1G 系统的关键技术。1G 系统的关键技术包括模拟蜂窝、频分多址接入（Frequency Division Multiple Access，FDMA）等。

- 模拟蜂窝。1G 系统基于模拟技术，采用蜂窝小区架构，每个站点的覆盖呈蜂窝状。在大区覆盖下，每个基站覆盖范围达到几十甚至上百千米，且每个基站只能同时和一个用户通信；而在蜂窝小区覆盖下，每个基站覆盖范围缩小至 1～10km，虽然同一时刻也只能有一个用户和基站通信，但是整个网络基站数量更多，使同一时间能完成通信的用户数增加了，从而使网络容量增大。

- FDMA 采用不同的频率区分不同用户访问的基站信号。FDMA 的原理示意如图 1-4 所示。1G 系统中相邻的基站使用不同的频率和用户通信，避免了用户之间的同频干扰。间隔一定距离的基站可以复用相同频率，以提升系统的频谱利用率。

图 1-3 "1G 时代"手持终端"大哥大"

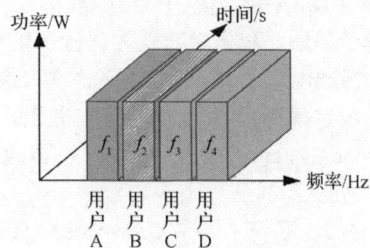

图 1-4 FDMA 的原理示意

② 1G 系统的性能特点。作为第一代移动通信技术，1G 系统使用户脱离了电话线，实现在移动中通话、在通话中移动的目标。它采用蜂窝小区架构，解决了区域覆盖的问题；实现了位置管理，解决了用户移动中的主叫和被叫问题；实现了漫游和切换，使用户在移动中通话具有持续性。

但 1G 系统是基于模拟通信技术传输的，因此存在频谱利用率低、系统安全保密性差、数据承载业务难以开展、设备成本高、体积大、费用高等局限性。它最大的瓶颈是系统容量小，最终导致其难以满足日益增长的移动用户需求。

为了解决 1G 系统中的这些问题，第二代（2nd Generation，2G）移动通信系统应运而生。

2．第二代移动通信系统

（1）第二代移动通信系统发展概述

20 世纪 80 年代中期，欧洲首先推出全球移动通信系统（Global System for Mobile Communications，GSM）数字通信体系。随后，美国、日本也制定了各自的数字通信体系。

第二代移动通信系统（简称 2G 系统）包括 GSM、IS-95 码分多址（IS-95 Code Division Multiple Access，IS-95 CDMA）、个人数字蜂窝（Personal Digital Cellular，PDC）系统，以及高级数字移动电话系统（Digital Advanced Mobile Phone System，DAMPS）。GSM 因其体制开放、技术成熟、应用广泛，成为陆地公用移动通信的主要系统。GSM 无线通信模型如图 1-5 所示。

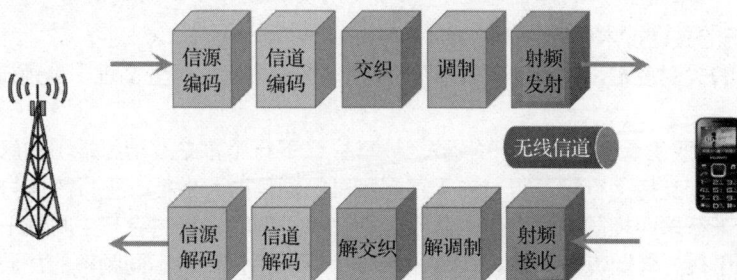

图 1-5 GSM 无线通信模型

使用 900MHz 频带的 GSM 称为 GSM900，使用 1800MHz 频带的 GSM 称为 DCS1800，它是

根据全球数字蜂窝通信的时分多址（Time Division Multiple Access，TDMA）标准而设计的。GSM支持低速数据业务，可与综合业务数字网（Integrated Services Digital Network，ISDN）互连。GSM采用频分双工（Frequency Division Duplex，FDD）方式和 TDMA 方式。无线通信中，一个特定频率的无线电波称为载波。GSM 每载波带宽为 200kHz，每载波时分为 8 个用户信道。随着通用分组无线业务（General Packet Radio Service，GPRS）和增强型数据速率 GSM 演进技术（Enhanced Data Rate for Global Evolution of GSM，EDGE）的引入，GSM 网络功能不断增强，它初步具备了支持多媒体业务的能力，如图片发送、电子邮件收发等。

IS-95 CDMA 是北美的数字蜂窝标准，使用 800MHz 频带或 1.9GHz 频带，它分为 IS-95A 和 IS-95B 两个阶段，其多址方式为码分多址（Code Division Multiple Access，CDMA）。CDMA2000 无线通信标准也是以 IS-95 CDMA 为基础演变的。

个人数字蜂窝电话标准由日本提出，它其实就是后来中国的个人手持电话系统（Personal Handy phone System，PHS），俗称"小灵通"。因技术落后和无法满足后续移动通信发展需求，"小灵通"网络已经关闭。

我国的 2G 系统主要是 GSM 体制，中国移动和中国联通均部署了 GSM 网络。2001 年，中国联通开始在中国部署 IS-95 CDMA 网络（简称 C 网）。2008 年 5 月，中国电信收购了中国联通的 C 网，并将 C 网规划为中国电信未来主要发展方向。

2G 系统的主要业务是语音，其主要特性是提供数字化的语音业务及低速数据业务。相比 1G 系统，2G 系统具有频谱利用率高、容量大、业务种类多、保密性好、语音质量好、网络管理能力强等优点。同时，随着数字技术的应用，2G 通信终端也变得更加小巧，方便用户随身携带，其通信终端如图 1-6 所示。

图 1-6　2G 系统通信终端

（2）2G 系统的关键技术以及性能特点

① 2G 系统的关键技术。2G 系统的关键技术包括频分双工、时分多址、跳频技术、码分多址及功率控制等。

- 频分双工。双工是指对上行（终端发给基站）、下行（基站发给终端）的区分，频分双工采用不同的频率分别支持上行和下行。由于终端和基站通信时，上行、下行的信号可能会在空中交叠，若上行、下行采用相同的频率作为载波，则在收发同时进行时会产生同频干扰，即上行、下行的信号互相干扰，降低传输质量。FDD 系统中上行和下行使用不同频率的载波，即使收发同时进行，也不会产生同频干扰。FDD 系统工作示意如图 1-7 所示。在图 1-7 中，f_{DL}、f_{UL} 分别表示下行频率和上行频率。我国 GSM 采用 FDD 技术，如 900MHz 频段：890～915MHz（上行）、935～960MHz（下行），上行、下行双工间隔为 45MHz，载波带宽为 200kHz。

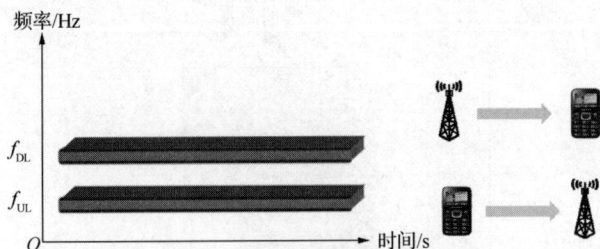

图 1-7　FDD 系统工作示意

· 时分多址。TDMA 指不同的用户在不同的时刻与基站通信，其原理示意如图 1-8 所示。在 GSM 中，每个小区都有若干个载波，每个载波都采用 TDMA 方式，分为 8 个时隙，每个时隙就是一个基本的物理信道，因此 GSM 的物理信道采用的是 FDMA 和 TDMA 相结合的方式。与 1G 系统相比，GSM 的每个基站可以同时和多个用户通信，可增大网络容量。

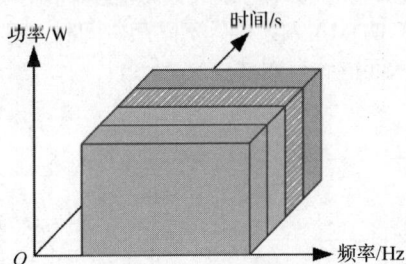

图 1-8　TDMA 原理示意

· 跳频技术。无线通信中存在着频率选择性衰落的问题，即在特定的时间和空间，一段频谱中有些频率可能会存在较深的衰落，这些出现较深衰落的频率是随机的。GSM 分配用户信道时，按照一定的规律使信道在频域上进行跳变，可以避开衰落，获得频率分集增益，这就是跳频技术，其原理示意如图 1-9 所示。

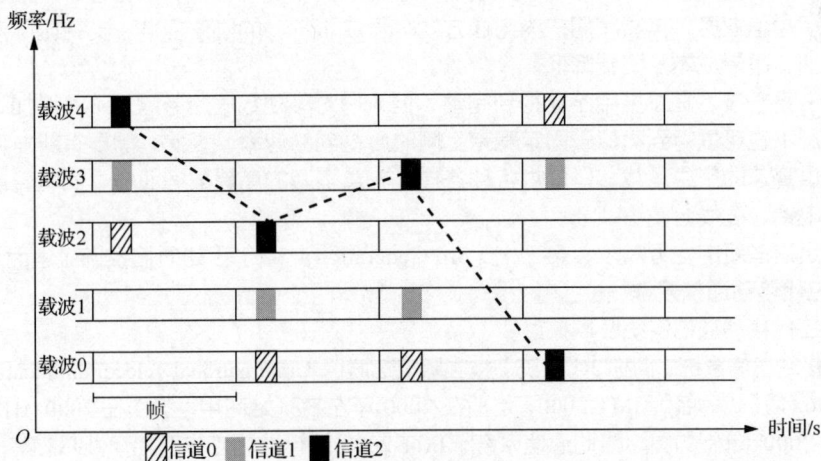

图 1-9　跳频技术原理示意

· 码分多址。CDMA 发送端采用不同的码序列调制不同用户的信息，接收端用相同的码序列进行解调获取用户信息，其原理示意如图 1-10 所示。CDMA 能让同一个小区下多个用户的信息同时、同频传输，因此它也是一种增大网络容量的技术。2G 系统的 IS-95 CDMA 就是采用 CDMA 技术的系统。

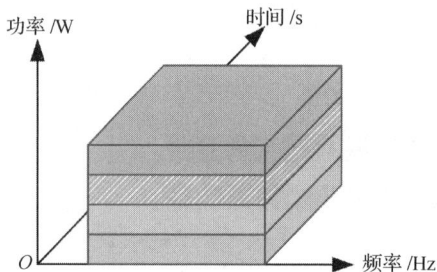

图 1-10　CDMA 原理示意

- 功率控制。功率控制是指根据当前无线环境的好坏，动态调整发射端（终端或基站）的发射功率，其宗旨是在保证信号正常解调的前提下，尽量使用更低的发射功率，其原理示意如图 1-11 所示。一般的，当用户离基站较远导致接收信号较弱时以较高功率发射，而当用户离基站较近时以较低功率发射。采用功率控制技术可以大大降低发射端的功耗（尤其是针对终端），增加终端的续航时间。不仅如此，在 CDMA 系统中，不同用户同时、同频传输信息导致的用户间互相干扰也会因为使用功率控制技术而得到有效减少。

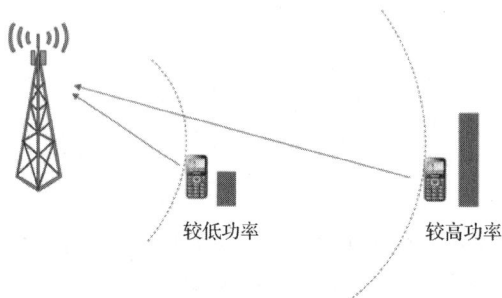

较低功率　　　　较高功率

图 1-11　功率控制原理示意

② 2G 系统的性能特点。相比 1G 系统，2G 系统采用了数字语音，保密性好，语音质量明显提升；增加了短信业务，丰富了用户的沟通方式；形成了统一的协议标准，支持国际漫游；网络容量大幅增加，终端成本及资费降低。

尽管 2G 系统技术在发展中不断得到完善，但人们对移动数据业务需求不断增加，人们希望在移动的情况下也可以得到类似于固定宽带上网时所得到的速率，因此，需要有新一代的移动通信技术来提供高速的空中承载，以提供各种各样、丰富多彩的高速数据业务，如电影点播、文件下载、视频电话、在线游戏等。

为了满足这些新的业务需求，第三代（3rd Generation，3G）移动通信系统应运而生。

3. 第三代移动通信系统

（1）第三代移动通信系统发展概述

第三代移动通信系统（简称 3G 系统）被国际电信联盟（International Telecommunication Union，ITU）在 1996 年正式命名为 IMT-2000，是指在 2000 年左右开始商用，工作在 2000MHz 频段且下行速率达到 2000kbit/s 的国际移动通信系统。IMT-2000 的标准化工作开始于 1985 年，其标准规范具体由第三代合作伙伴项目（3rd Generation Partnership Project，3GPP）和第三代合作伙伴项目二（3rd Generation Partnership Project 2，3GPP2）分别负责。

3G 系统最初有 3 种主流标准，即欧洲和日本提出的宽带码分多址（Wideband Code Division Multiple Access，WCDMA）、美国提出的码分多址 2000（Code Division Multiple Access 2000，CDMA2000），以及中国提出的时分同步码分多址（Time Division-Synchronous Code Division

Multiple Access，TD-SCDMA）。其中，3GPP 从 Release 99 开始进行 3G WCDMA/TD-SCDMA 标准制定，后续版本（如 Release 4、Release 5、Release 6、Release 7 等）进行特性增强和增补，进一步提升了 3G 系统的上下行速率性能，3GPP2 提出了 IS-95 CDMA（2G）—CDMA20001x—CDMA20003x（3G）的演进策略。典型的我国提出的 TD-SCDMA 无线通信模型如图 1-12 所示。

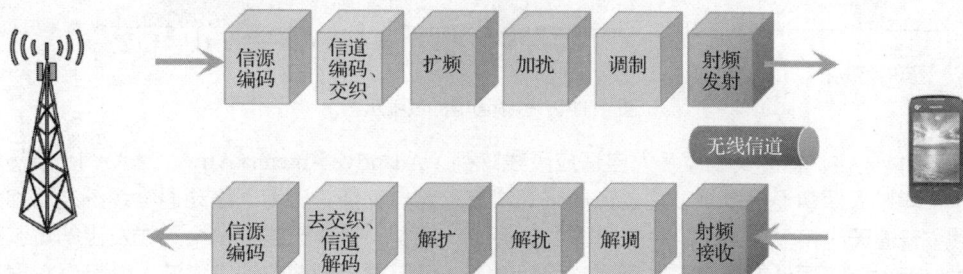

图 1-12　TD-SCDMA 无线通信模型

　　3G 系统采用 CDMA 技术和分组交换技术，而不是 2G 系统通常采用的 TDMA 技术和电路交换技术。相比 2G 系统通信终端，3G 系统通信终端功能更加强大，同时出现了"智能手机"的概念，3G 系统通信终端如图 1-13 所示。在业务和性能方面，3G 系统不仅能传输语音，还能传输数据，提供高质量的多媒体业务，如提供可变速率数据传输、移动视频观看和高清图像观看等多种业务，实现多种信息一体化，从而能够提供快捷、方便的无线应用。

图 1-13　3G 系统通信终端

　　（2）3G 系统的关键技术以及性能特点

　　① 3G 系统的关键技术。3G 系统采用了扩频/解扩、智能天线、时分双工、上行同步及接力切换等关键技术，提升了系统的性能。

　　● 扩频/解扩。扩频是指将频域上的窄带信号的带宽扩宽之后进行传送。其特点为传输信息所用的信号带宽远大于信号本身的带宽，因为根据香农定理，增加信号的带宽可以降低对信噪比的要求，扩频通信可以使信号在很差的无线环境中被成功解调。解扩是扩频的反向过程，指从宽带扩频信号中恢复窄带原始信号。扩频通信有多种实现方法，CDMA 系统采用直接序列调制的方式实现扩频。直接序列调制是将原始信号编码和一个扩频序列（该序列要求比特率远大于原始信号）相乘（即异或运算），再进行载波调制得到扩频信号。扩频通信的过程示意如图 1-14 所示。

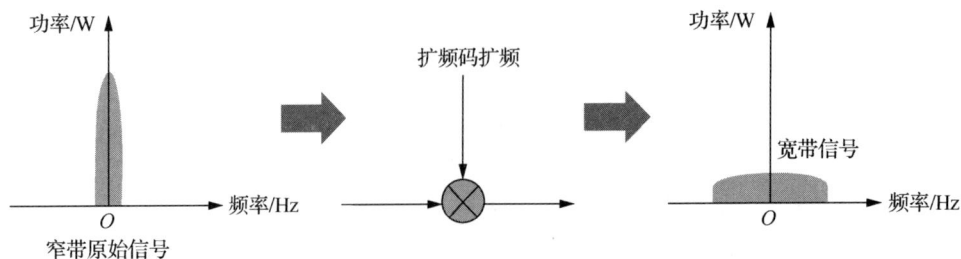

图 1-14　扩频通信的过程示意

- 智能天线。智能天线原名为自适应天线阵列（Adaptive Antenna Array，AAA），最初应用于雷达、声呐等军事通信领域，主要完成空间滤波和定位，当其应用于移动通信系统之后称为智能天线。普通天线和智能天线的对比如图 1-15 所示，可见：普通天线中多个天线发出的宽波瓣信号互相交叠时，边界处的用户干扰严重；而智能天线可以发出窄波瓣的电磁波，并可以根据用户的实时位置调整信号方向，所以可以有效改善小区内用户间的干扰，同时大大抑制小区间用户的干扰，极大地提高了系统性能。

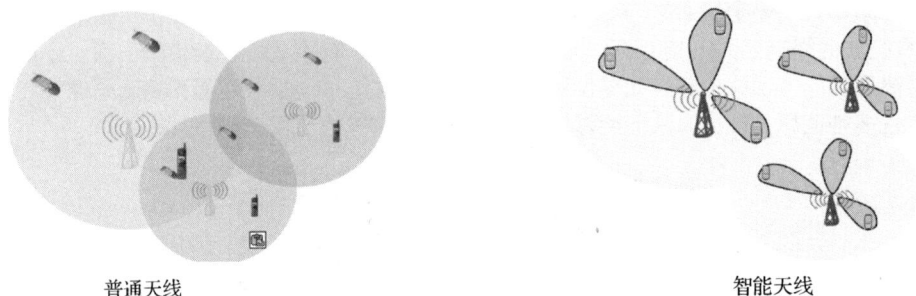

普通天线　　　　　　　　　　　　　　　智能天线

图 1-15　普通天线和智能天线的对比

- 时分双工（Time Division Duplex，TDD）。时分双工指系统上行信号和下行信号使用相同的载波频率，但在不同的时间段进行传输。采用 TDD 的系统可以避免上行信号和下行信号互相干扰。图 1-16 所示为 TDD 工作示意。其中，DL、UL 分别代表下行信号和上行信号的载波，$f_{DL/UL}$ 表示上下行信号的频率。

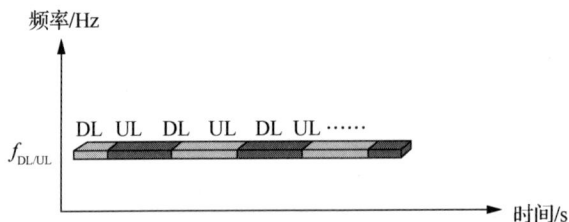

图 1-16　TDD 工作示意

- 上行同步。上行同步是 TD-SCDMA 系统必选的关键技术之一，该技术是指在同一个小区中，使用同一时隙不同位置的用户发送的上行信号同时到达基站接收天线，即同一时隙不同用户的信号到达基站接收天线时保持同步。上行同步工作示意如图 1-17 所示，其中 A、B、C、D 这 4 个终端如果都采用时隙 2，则尽管它们处于不同位置，但是其信号到达基站接收天线时仍保持同步。

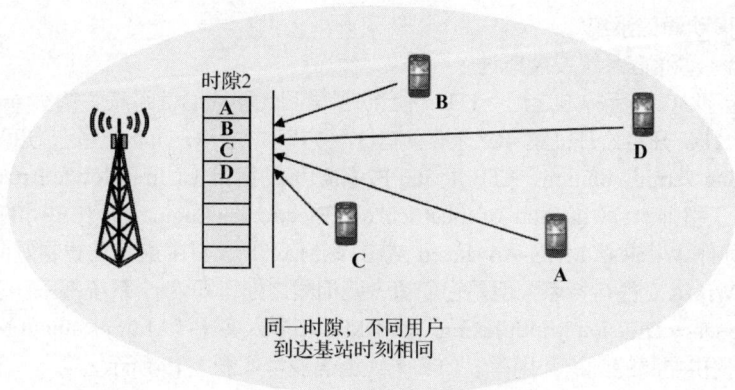

时隙2

同一时隙，不同用户
到达基站时刻相同

图 1-17　上行同步工作示意

- 接力切换。接力切换是 TD-SCDMA 系统所提出的关键技术之一，其设计思想是利用上行同步技术，在切换测量期间，提前获取切换后的上行信道发送时间、功率信息，从而达到缩减切换时间、提高切换成功率的目的。图 1-18 所示为接力切换过程示意，其在切换前获取目标上行信道信息，切换中与目标小区进行预同步并建立信令连接，接着删除与源小区的业务连接并尽快建立与目标小区的业务连接，最后删除与源小区的信令连接，至此，整个接力切换过程结束。相对于软切换，接力切换占用系统资源少，可增大系统容量。相对于硬切换，接力切换业务中断时间很短，且掉话率低。

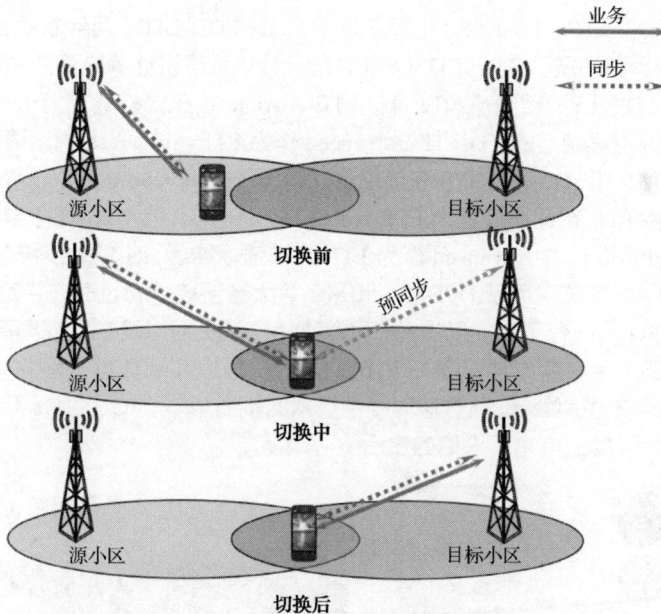

业务
同步

源小区　　　　　目标小区
切换前

预同步
源小区　　　　　目标小区
切换中

源小区　　　　　目标小区
切换后

图 1-18　接力切换过程示意

② 3G 系统的性能特点。3G 系统具有低成本、优质服务质量、高保密性及良好的安全性能等优点，但是其仍有不足：3G 标准有 WCDMA、CDMA2000 和 TD-SCDMA 这 3 种制式，这 3 种制式之间存在相互不完全兼容的问题；3G 系统的频谱利用率比较低，不能充分地利用宝贵的频谱资源；3G 系统支持的速率还不够高。这些缺点使其逐渐不能满足移动通信发展的需求，因此，第四代（4th Generation，4G）移动通信系统出现了。

4．第四代移动通信系统

（1）第四代移动通信系统发展概述

2000 年确定了 3G 国际标准之后，ITU 就启动了第四代移动通信系统（简称 4G 系统）的相关工作。2008 年，ITU 开始公开征集 4G 标准，有 3 种方案成为 4G 标准的备选方案，分别是 3GPP 的长期演进（Long Term Evolution，LTE）、3GPP2 的超移动宽带（Ultra Mobile Broadband，UMB）以及电气与电子工程师协会（Institute of Electrical and Electronics Engineers，IEEE）的 WiMAX（IEEE 802.16m，也被称作 Wireless MAN-Advanced 或者 WiMAX2），其中最被业界看好的是 LTE。虽然 LTE、UMB 和 WiMAX 各有特点，但是它们有一些相同之处，即 3 个系统都采用了正交频分复用（Orthogonal Frequency Division Multiplexing，OFDM）和多入多出（Multiple-Input Multiple-Output，MIMO）技术以提供更高的频谱利用率。LTE 无线通信模型如图 1-19 所示。

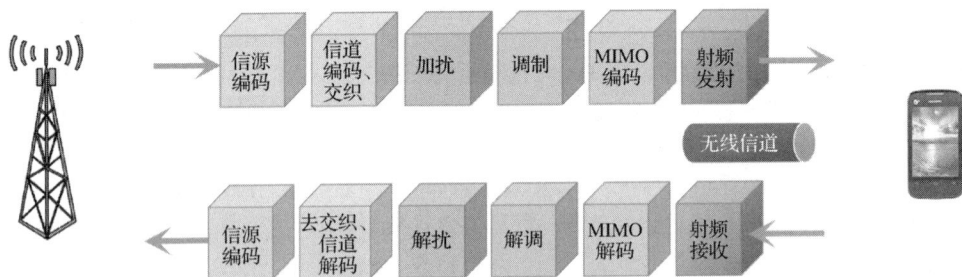

图 1-19　LTE 无线通信模型

LTE 包括时分双工 LTE（TD-LTE）和频分双工 LTE（FDD-LTE）两种制式，我国引领 TD-LTE 的发展，TD-LTE 继承和拓展了 TD-SCDMA 在智能天线、系统设计等方面的关键技术和自主知识产权，系统能力与 FDD-LTE 相当。2012 年，LTE-Advanced 正式被确立为 IMT-Advanced（也称 4G）国际标准，我国主导制定的 TD-LTE-Advanced 作为 LTE-Advanced 的重要组成部分，同时成为 4G 国际标准。2015 年 10 月，3GPP 在项目合作组（Project Coordination Group，PCG）第 35 次会议上正式确定将 LTE 新标准命名为 LTE-Advanced Pro，这是 4.5G 在标准上被正式命名。这一新的名称是继 3GPP 将 LTE-Advanced 作为 LTE 的增强标准后，对 LTE 系统演进的又一次定义。

相比 3G 系统，4G 系统采用了 OFDM、MIMO 等大量新技术，且载波带宽更大，使得 4G 系统的峰值速率相比 3G 系统有了大幅度提升，可以支持高速上网以及在线视频播放等媒体类业务。除此之外，4G 网络还支持高清数字语音——VoLTE 业务，可以实现数据上网业务和语音业务并发。图 1-20 所示为 4G 系统通信终端。随着移动终端技术的不断演进，4G 的终端系统也变得更加多样化和智能化，这很大程度上丰富了人们的生活。

图 1-20　4G 系统通信终端

（2）4G 系统的关键技术以及性能特点

① 4G 系统的关键技术。4G 系统采用了高阶调制、自适应调制编码（Adaptive Modulation and Coding，AMC）、波束赋形（Beam Forming，BF）、大带宽、MIMO 技术、载波聚合（Carrier Aggregation，CA）以及正交频分复用等关键技术，极大地提升了系统的性能。

● 高阶调制。调制是指利用基带数字信号的变化控制载波的振幅、相位或频率的变化，从而使信息通过载波进行传输的一种方法。调制的作用是将要传递的信息送到射频信道。调制的效率取决于载波信号特征的维度和数量，LTE-Advanced（简称 LTE-A）采用下行最高 256 阶正交幅度调制（Quadrature Amplitude Modulation，QAM）。QAM 高阶调制原理示意如图 1-21 所示，正交相移键控（Quadrature Phase Shift Keying，QPSK）只有载波相位一个维度，每个波形有 4 种变化，可传输 2bit 信息；16QAM 包括载波振幅和相位两个维度，每个波形有 16 种变化，可传输 4bit 信息；64QAM 每个波形有 64 种变化，可传输 6bit 信息；而 256QAM 每个波形有 256 种变化，可传输 8bit 信息，极大提高了空口的数据传输能力。

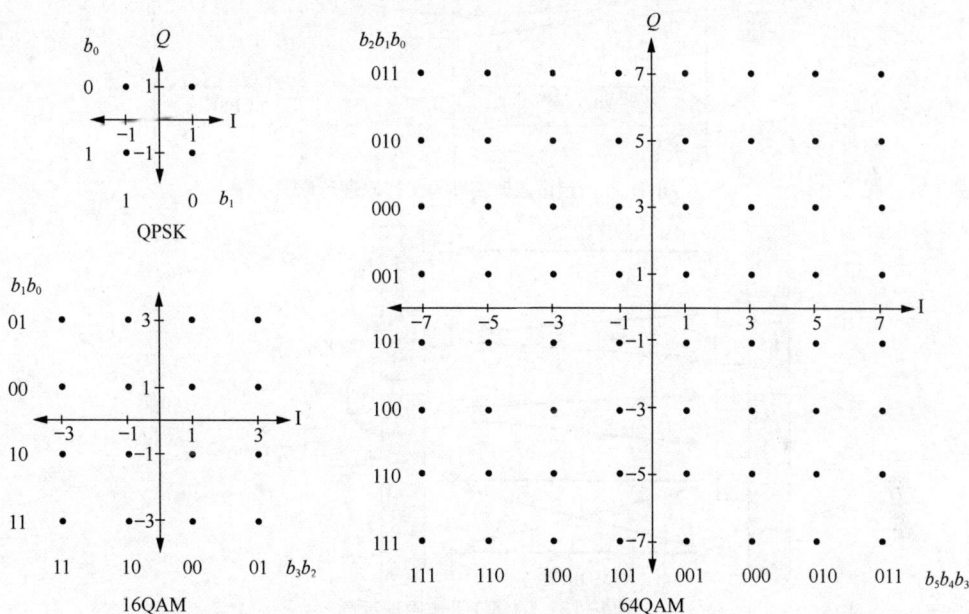

图 1-21　QAM 高阶调制原理示意

● 自适应调制编码。高阶的调制，载波特征更多，一旦在接口传输之后产生畸变，解调的难度会比低阶调制大很多。为了保障解调性能，越高阶的调制对于环境的要求越高。然而，LTE 系统的调制方式可以随环境的变化而改变，空口环境好时，采用高阶调制；当空口环境变差时，调制的阶数也随之下降，以牺牲空口的调制效率换取低误码率。类似的，LTE 系统的编码方式也可以随着空口环境的变化而改变。当空口环境好时，编码冗余少，编码效率高；当空口环境差时，编码冗余增加，以牺牲编码效率来确保解码效果。自适应调制编码工作原理示意如图 1-22 所示。

● 波束赋形。波束赋形是一种基于天线阵列的信号预处理技术，通过调整天线阵列中每个子阵的加权系数产生具有指向性的波束，从而获得明显的阵列增益。4G 的波束赋形技术实际上是 TD-SCDMA 系统中的智能天线技术的升级版。

● MIMO 技术。MIMO 技术由来已久，早在 1908 年马可尼就提出用它来抗衰落；在 20 世纪 70 年代有人提出将 MIMO 技术用于通信系统。MIMO 指在发射端和接收端使用多个天线，从而在发射端和接收端之间构成多个空间信道的天线技术，其工作原理示意如图 1-23 所示。MIMO 构成的多个空间信道可以传输不同的数据，因此，MIMO 通过对空间进行复用来提升无线通信的频谱效率，进而提升空口的理论峰值速率。

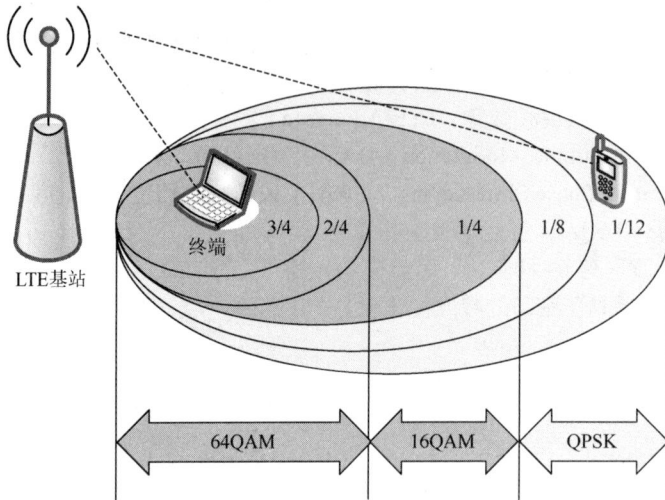

图 1-22　自适应调制编码工作原理示意

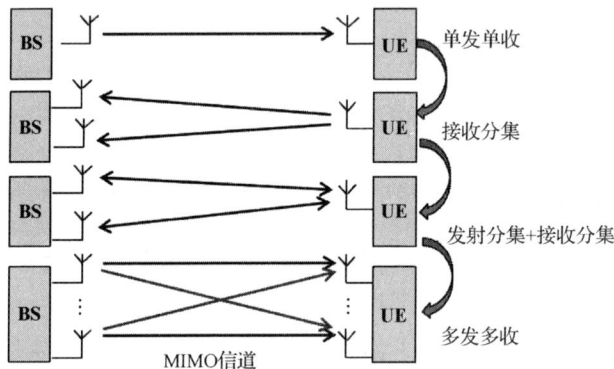

图 1-23　MIMO 工作原理示意

- 大带宽。根据香农定理，系统频谱带宽和系统容量（速率）成正比，因此增加系统载波的频谱带宽可以直接提升系统的峰值速率。从表 1-1 可见，历代移动通信系统的载波带宽在不断增加，下行峰值速率也越来越高。LTE 采用 20MHz 的最大小区带宽，结合 MIMO 技术，使系统速率比 3G 系统有了大幅提升。

表 1-1　历代移动通信系统的部分指标统计

移动通信系统	调制方式	多天线技术	载波带宽	下行峰值速率
GSM EDGE	8PSK	—	200kHz	473.6kbit/s
TD-SCDMA	16QAM	智能天线	1.6MHz	2.8Mbit/s
WCDMA	16QAM	—	5MHz	14.4Mbit/s
FDD-LTE	64QAM	2×2MIMO	20MHz	150Mbit/s
TDD-LTE(1：3)	64QAM	2×2MIMO	20MHz	100Mbit/s

● 载波聚合（Carrier Aggregation，CA）。载波聚合工作原理示意如图 1-24 所示。所谓载波聚合是指，当用户处在基站覆盖范围中心，无线环境非常好，信号质量很高时，用户只占用一个载波就可以获得足够的速率；但当用户处在基站覆盖范围边缘时，无线环境逐渐变差，用户载波速率明显减小，此时系统可以将多个载波（见图 1-24 中的载波 1 和载波 2）分配给该用户，使得用户的载波速率成倍提升，以抵消恶劣的无线环境带来的负面影响。

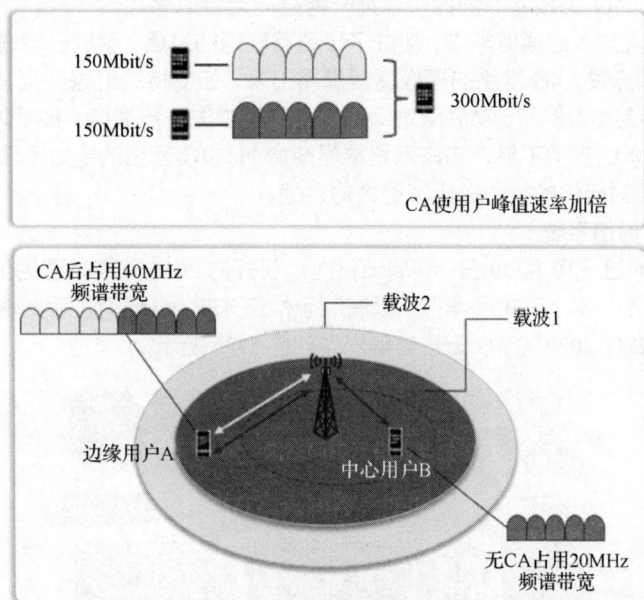

图 1-24　载波聚合工作原理示意

● 正交频分复用。与单载波系统相比，多载波系统的数据传输能力有很大提高（系统带宽增大），但是传统多载波系统中，载波之间需要间隔一定的频谱宽度，以避免载波相互干扰，这些保护间隔降低了频谱利用率。OFDM 系统将系统带宽划分为很多带宽很小的子载波，多个子载波可以并行传输数据，从而实现宽带传输；同时子载波互相正交，避免互相干扰，可以极大地提升频谱利用率。OFDM 工作原理示意如图 1-25 所示。

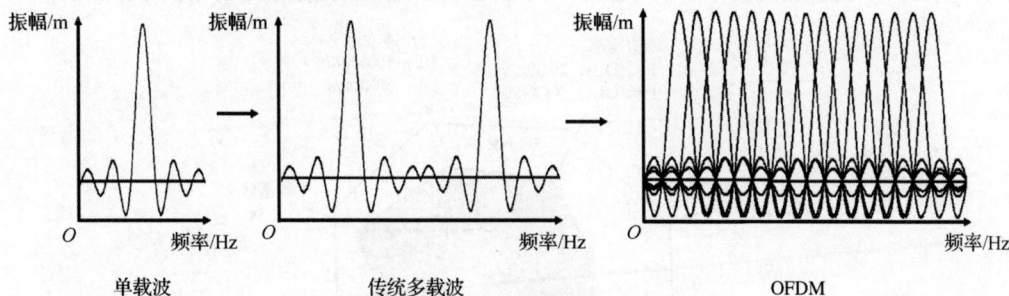

图 1-25　OFDM 工作原理示意

② 4G 系统的性能特点。4G 系统的性能特点可以总结为"三高，两低，一平"。"三高"是指高峰值速率、高频谱效率和高移动性。"两低"是指低时延和低成本。"一平"是指以分组域业务为主要目标，系统在整体架构上是基于分组交换的扁平化架构。

LTE Release 10（LTE-Advanced）支持 100MHz 的通信带宽，接口的峰值速率超过 1Gbit/s。频谱效率又称频带利用率，其定义为单位带宽每秒传输的信息比特，用来衡量系统的有效性。4G

系统频谱效率是 3G 系统的 3～5 倍。由于多普勒效应的影响，用户终端在较高的移动速度下通信质量会受到影响，4G 系统最高支持 350km/h 的高速移动场景，比 3G 系统有较大的提高。

4G 系统控制面时延小于 100ms，用户面时延小于 10ms。4G 系统支持多频段灵活配置以降低频带使用成本，支持自组织网络（Self-Organizing Network，SON）以降低运营成本。SON 的主要思路是实现无线网络的一些自主功能，网络的部署、配置、调测等操作可以自动完成，不需要人为干预，可以有效节约人力成本，同时可以提升网络的运维效率。

4G 系统解决了人与人的通信需求，促进了移动互联网的发展，手机已经成为人类生活的一部分，但随着物联网的爆发，4G 网络的短板逐渐暴露出来，如支持的终端类型有限，传输距离不够远，以及网络能力不足等。例如，物联网对网络覆盖的要求进一步增加，4G 网络对于"空天一体"（如无人机高空飞行）的支持不够；物联网终端逐渐增加，4G 网络的能力无法适配物联网终端的需求；车联网的发展对网络的能力提出了更大的挑战。

5. 第五代移动通信系统

2015 年 10 月 26 日～10 月 30 日，在瑞士日内瓦召开的 2015 无线电通信全会上，国际电信联盟无线电通信部门（ITU-R）正式批准了 3 项有利于推进未来 5G 研究进程的决议，并正式确定了 5G 的法定名称是"IMT-2020"。5G 无线通信模型如图 1-26 所示。

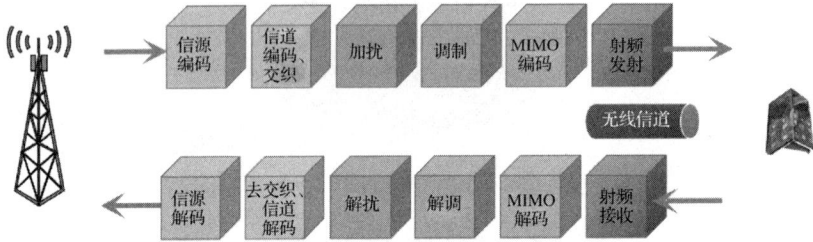

图 1-26　5G 无线通信模型

为了满足未来不同业务应用对网络能力的要求，ITU 定义了 5G 的八大性能指标，如图 1-27 所示，分别为上行峰值速率达到 10Gbit/s、下行用户体验速率达到 100Mbit/s、频谱效率到达 IMT-Advanced（简称 IMT-A）的 3 倍、移动性速度达到 500km/h、空口时延达到 1ms、设备连接数密度达到每平方千米 100 万个设备、网络能效是 IMT-A 的 100 倍、区域流量能力达到 10Mbit/(s・m²)。这些性能指标中，峰值速率、空口时延和连接数密度被定义为关键能力。

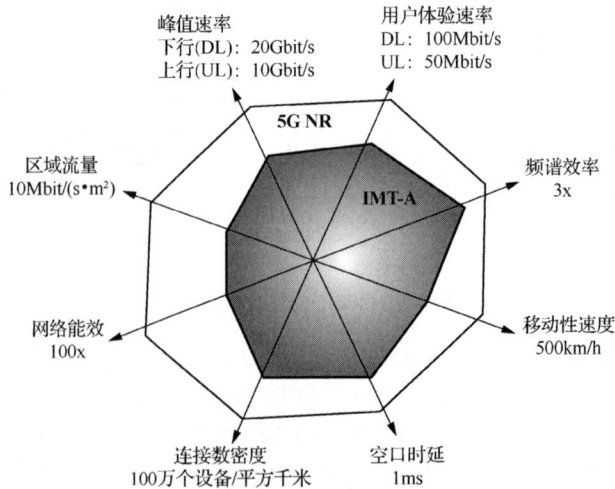

图 1-27　5G 的八大性能指标

5G 的应用场景分为三大类：增强型移动宽带（enhanced Mobile Broadband，eMBB）、超高可靠低时延通信（Ultra-Reliable and Low Latency Communications，URLLC）以及海量机器类通信（massive Machine Type Communications，mMTC）。不同应用场景对 5G 关键能力的要求不同，它们对网络能力的需求如图 1-28 所示。eMBB 场景下主要关注峰值速率和用户体验速率等，其中 5G 的上行峰值速率要达到 10Gbit/s；URLLC 场景下主要关注空口时延和移动性，其中 5G 的空口时延要降低到 1ms；mMTC 场景下主要关注连接数密度，5G 的每平方千米设备连接数相比 LTE 的 1 万个要提升到 100 万个。

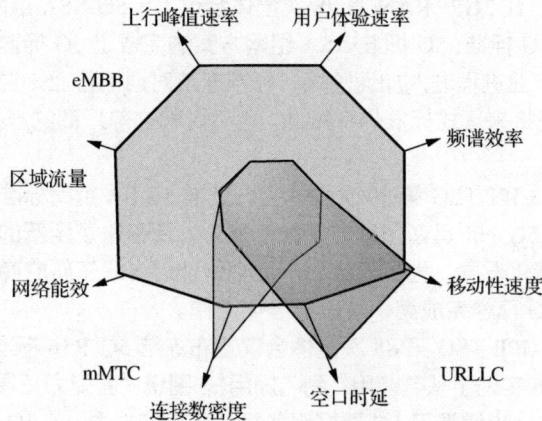

图 1-28　不同应用场景对网络能力的需求

5G 通信技术标准由 3GPP 组织牵头制定。3GPP 在 2016 年 6 月 27 日宣布，3GPP 技术规范组（Technical Specifications Groups，TSG）第 72 次全体会议已就 5G 标准的首个版本——Release 15（简称 R15）的详细工作计划达成一致。该计划记述了各工作组的协调项目和检查重点，并明确 Release 15 的 5G 相关规范将于 2018 年 6 月确定。如图 1-29 所示，5G 主要包括 R15 和 R16（即 Release 16）两个版本，3GPP 原计划 2018 年 6 月完成 R15 版本"冻结"，2019 年 12 月完成 R16 版本"冻结"。后来迫于美国、日本、韩国的开放实验规范联盟（Open Trial Specification Alliance，OTSA）的标准竞争压力，3GPP 在 2017 年 2 月之后启动了 5G 标准加速计划，把 R15 版本拆分成非独立（Non-Standalone，NSA）组网和独立（Standalone，SA）组网两个版本，并把 NSA 组网的协议冻结时间提前到 2017 年 12 月，以满足少数运营商快速商用 5G 的需求。整个 R15 版本主要针对 eMBB 应用场景制定标准规范，R16 版本更侧重于 URLLC，旨在扩展 5G 支持的功能并提高现有功能的效率。

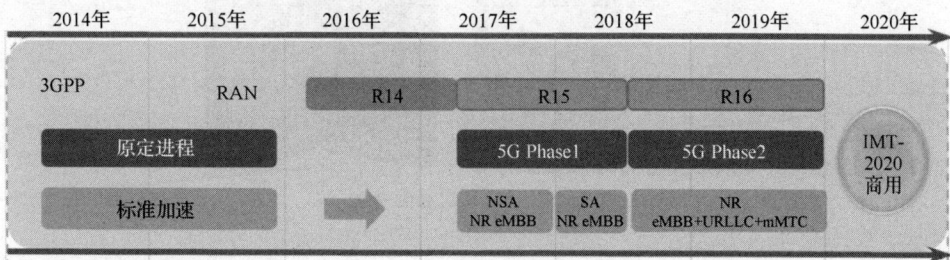

图 1-29　5G 版本演进

在 3GPP TSG RAN 方面，针对现阶段 R15 的 5G 新空口（New Radio，NR）的组网架构问题，技术规范组一致同意对 R15 的 5G 新空口提供 SA 组网和 NSA 组网两种架构支持。其中，5G NSA

组网方式需要使用 4G 基站和 4G 核心网，初期以 4G 作为控制面的锚点，以满足运营商利用现有 LTE 网络资源实现 5G NR 快速部署的目标。NSA 组网作为过渡方案，以提升热点区域带宽为主要目标，没有独立信令面，依托 4G 基站和核心网工作，对应的标准进展较快。实现 5G 的 NSA 组网，需要对现有 4G 网络进行升级，这对现网性能和平稳运行有一定影响，需要运营商关注。R15 还确定了目标用例和目标频带，目标用例为 eMBB、URLLC 以及 mMTC，目标频带分为低于 6GHz 和高于 6GHz 的范围。另外，TSG 第 72 次全体会议在讨论时强调，5G 标准在无线和协议两个方面的设计都要具有向上兼容性，且分阶段导入功能是实现各个用例的关键。

2017 年 12 月 21 日，在 3GPP RAN 第 78 次全体会议上，5G NSA 组网标准"冻结"，这是全球第一个可商用部署的 5G 标准。5G 标准 NSA 组网方案的完成是 5G 标准化进程的一个重要里程碑，标志着 5G 标准和产业进程进入加速阶段，标准冻结对通信行业来说具有重要意义，意味着核心标准就此确定，即便将来正式标准仍有微调，也不影响之前厂商的产品开发，5G 商用进入倒计时。

2018 年 6 月 14 日，3GPP TSG 第 80 次全体会议批准 5G SA 组网标准"冻结"。此次 SA 组网标准的"冻结"，不仅使 5G NR 具备了独立部署的能力，还带来了全新的端到端架构，赋能企业级客户和垂直行业的智慧化发展，为运营商和产业合作伙伴带来了新的商业模式，开启了一个全连接的新时代。至此，5G 已经完成第一阶段标准化工作。

2020 年 7 月 3 日，3GPP TSG 第 88 次全体会议宣布冻结 5G R16 标准，标志着 5G 第一个演进版本标准完成。5G R16 实现了从"能用"到"好用"，围绕"新能力拓展""已有能力挖潜""运维降本增效"3 个方面，进一步增强了 5G 更好服务行业应用的能力。5G R16 主要场景包括 URLLC 增强、蜂窝物联网的支持与扩展、增强车联网（Vehicle to Everything，V2X）支持、5G 定位和定位服务、5G 卫星接入、5G 网络自动化架构支持、无线和有线融合增强、流媒体和广播、用户身份验证、多设备支持、增强网络切片等。其中，IMT-2020 为 5G 的法定名称，自 2020 起，5G 技术开始进入全球商用发展阶段。

由于 5G 具备 eMBB、URLLC、mMTC 三大场景能力，未来能够实现万物互联，5G 系统通信终端（见图 1-30）和以前的终端相比，也有较大变化，有传统的智能手机，也有 5G 家庭终端。未来，随着 5G 行业的发展，5G 终端将进一步拓展到各行各业。

图 1-30　5G 系统通信终端

1.1.2　3GPP 主流版本演进

3GPP 是一个成立于 1998 年 12 月的标准化机构。其成员包括欧洲电信标准组织（European Telecommunications Standards Institute，ETSI）、日本的无线工业商贸联合会（Association of Radio

Industries and Businesses，ARIB）和电信技术委员会（Telecommunication Technology Committee，TTC）、中国通信标准化协会（China Communications Standards Association，CCSA）、韩国的电信技术协会（Telecommunications Technology Association，TTA）、美国的电信行业解决方案联盟（Alliance for Telecommunications Industry Solutions，ATIS）等。

3GPP 致力于在 ITU 的 IMT-2000 计划范围内制定和实现全球性的第三代移动电话系统规范。同时，它致力于 GSM 到 UMTS（WCDMA）的演进，虽然 GSM 到 WCDMA 接口差别很大，但是其核心网采用了 GPRS 的框架，因此仍然保持一定的延续性。随后 3GPP 的工作范围得到了扩展，增加了对 LTE 和 5G 的研究和标准制定。

3GPP 的标准是由诸多"Release"构成的，因此 3GPP 的讨论频繁地涉及各个 Release 的功能。在移动通信系统的发展过程中有一些主流的发行版本，包括 Release 99、Release 4、Release 8、Release 15 等。3GPP 主流版本演进过程如图 1-31 所示。

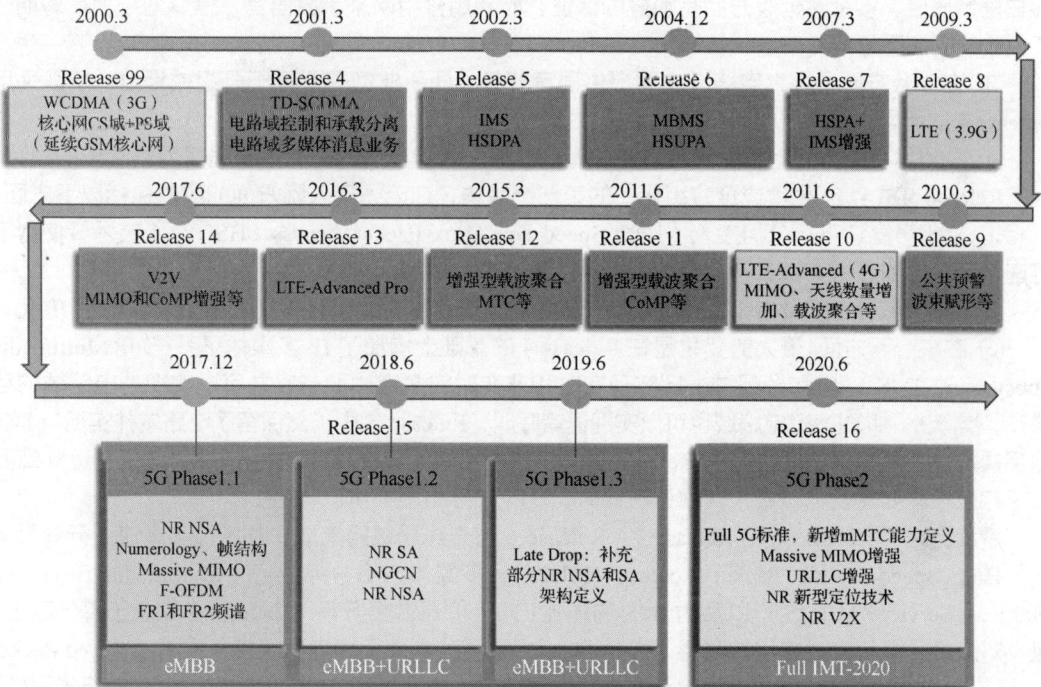

图 1-31　3GPP 主流版本演进过程

3GPP 的第一个发行版本 Phase 1 于 1992 年发布，其定义了 GSM 的特征和相关技术，后历经 Phase 2、Release 96、Release 97、Release 98、Release 99 等多个版本。Release 97 的标准中加入了包数据能力 GPRS，而 Release 99 引入了更高速度的数据传输技术 EDGE，并指定了第一个 UMTS 3G 网络，集成了 CDMA 接口。

Release 99 的主要特点是无线接入网采用 WCDMA 技术，核心网基于 GSM，即保留 GSM 电路交换部分，增加分组域部分，用于支持基于分组交换的数据业务组网方式，适用于传统的 GSM/GPRS 运营商，因为运营商沿用原有核心网设备，增加无线接入网即可实现 3G 业务，这样就保护了运营商的已有投资。当然，这种组网方式同样适用于当时的新运营商，因为与 Release 4、Release 5 相比，它在技术和设备上更加成熟，有利于运营商迅速开展 3G 业务。

与 Release 99 相比，Release 4 在无线接入网方面没有网络结构的变化，只是在无线技术方面提出了一些改进，以提高系统性能。在核心网方面，Release 4 最大的变化在电路域，其引入了软交换的概念，将控制和承载分开，原来的 MSC 变为 MSC Server 和媒体网关（Media Gateway, MGW），语音通过 MGW 由分组域来传送。因为电路域的这种变化，相应的在七号信令的承载方面也提出了新的方案，即基于 ATM 和 IP 的方案，所以在 Release 4 网络中，不仅语音和数据可以通过统一的分组网络（ATM 或 IP 网络）来传送，基于七号信令的移动应用协议 MAP 和 CAP 也可以通过分组网络来传送，为核心网向全 IP 的演进迈出了重要一步。

此处特殊说明一点，如果运营商选择了 Release 99 组网方式，则在考虑网络升级到 Release 4 时，只需要对无线部分和分组域进行升级，无须改变电路域的组网方式，即保留 Release 99 电路域。具体体现在以下方面。

① 3GPP 规范支持这种向后的兼容性，也就是说，Release 4、Release 5 的无线接入网都可以和 Release 99 的电路域很好地配合。

② 在网络服务质量（Quality of Service，QoS）方面，对于语音业务，Release 99 的 TDM 方式在语音质量、接续时延等方面有很好的保证，而利用分组网来承载语音、信令的技术在短期内还很难达到高可靠的 QoS。

③ 在业务方面，因为电路域主要提供语音业务，而新业务主要基于分组域提出，所以采用 Release 4 的组网方式并不会带来新的业务。

④ 从网络投资方面考虑，这种方式在保证业务正常提供的同时，也节省了网络建设的投资。

Release 5 是全 IP 化（或全分组化）的第一个版本，在无线接入网方面的改进包括以下方面。

① 提出了高速下行分组接入（High Speed Downlink Packet Access，HSDPA）技术，使得下行速率可以达到 8～10Mbit/s，大大提高了接口的效率。

② 对于 Iu、Iur、Iub 接口，增加了基于 IP 的可选传输方式，使得无线接入网实现了 IP 化。

③ 在核心网方面，最大的变化是在 Release 4 的基础上增加了 IP 多媒体子系统（IP Multimedia Subsystem，IMS），它和分组域一起实现实时和非实时的多媒体业务，并可以实现与电路域的互操作。实际上，此时没有电路域也可以实现语音呼叫，Release 5 中仍然保留了电路域并实现与 IMS 的互操作，主要是保护运营商的 Release 99 的网络投资。但是随着技术的成熟，对于新运营商而言，完全不需要建设电路域来实现语音业务，IMS 和分组域都可以代劳。

后续历经了 Release 6 和 Release 7。Release 6 与无线局域网集成，并增加了高速上行分组接入（High Speed Uplink Packet Access，HSUPA）、多媒体广播分播业务（Multimedia Broadcast Multicast Service，MBMS），以及对 IMS 的增强（如手机对讲服务等）。Release 7 侧重于降低延迟，以及对服务质量与实时应用的改善（如 VoIP）。规范同时侧重于高速分组接入（High Speed Packet Access，HSPA+）、SIM 卡高速协议与非接触前端接口（允许运营商提供非接触式服务的近场通信，如移动支付）、EDGE。

2008 年年底，3GPP 开始进行 LTE 的标准化工作，根据无线通信向宽带化方向发展的趋势，LTE 摒弃了以 CDMA 技术作为基础的思想，而是将 OFDM 技术作为基础，同时结合多天线和快速分组调度等设计理念，形成新的面向下一代移动通信系统的接口技术，又称为 3G 演进型系统（即 LTE）。

2009 年年初，完成了 LTE 第一个版本的系统技术规范，即 Release 8。3GPP 进行 LTE 技术研究的同时，ITU 一直在开展关于下一代移动通信系统的市场需求和频率规划等方面的调研工作，为制定 4G 技术的国际标准做准备。2009 年 3 月，ITU 开始了候选技术的征集和标准化进程，称为 IMT-Advanced。为响应 ITU 关于 4G IMT-Advanced 技术的征集，3GPP 中将正在研究的 LTE Release 10 以及之后的技术版本称为 LTE-Advanced，并向 ITU 提交了候选技术。

在 LTE Release 8 中，采用 20MHz 的通信带宽，接口的下行峰值速率超过 300Mbit/s，上行峰值速率超过 80Mbit/s。而 LTE Release 10（LTE-Advanced）支持 100MHz 的通信带宽，接口的峰

值速率超过 1Gbit/s。值得一提的是，作为 TD-SCDMA 技术的后续演进，LTE 的 TDD 模式又称为 TD-LTE/TD-LTE-Advanced。出于对 TD-SCDMA 技术演进路线的关注，我国的成员单位在 3GPP 中深度参与了相关的系统设计，2009 年 10 月，我国正式向 ITU 提交了 TD-LTE-Advanced 建议作为 4G 国际标准候选技术。

在 1.1.1 节移动网络演进中简单介绍了 5G 的标准进展和部署模式。3GPP 于 2017 年 12 月发布了基于 NSA 组网架构的 5G Release 15 早期版本（称为"阶段 1"的"1.1"版本），主要面向 NSA 组网，通过传统 4G 核心网接入网络。3GPP 于 2018 年 6 月发布了基于 SA 组网架构的 5G Release 15 第 2 期版本（称为"阶段 1"的"1.2"版本），面向 SA 组网，定义了 5G 新核心网的标准，标志着真正意义上的首个国际 5G 标准正式出炉。2019 年 6 月，3GPP 发表了"阶段 1"的第 3 期版本（称为"阶段 1"的"1.3"版本），又对部分 NSA 和 SA 组网架构定义进行了补充。

3GPP 在 2020 年 6 月发布了 Release 16，其中包括 5G NR 的"阶段 2"（Phase 2）。在与 5G 核心网协同工作的 SA 组网模式成熟之前，最初的 5G NR 的部署将依赖现有的 LTE 4G 基础设施，以 NSA 组网的模式进行。

5G NR 的 NSA 组网模式是指 5G NR 部署的一个选项，在该模式下，控制功能依赖现有的 LTE 网络的控制面，而 5G NR 完全专注于用户面。这种架构可以便于利用原先的 4G 演进型分组核心网（Evolved Packet Core，EPC），并利用 4G 基站作为控制面锚点，保障 5G 初期站点较少而覆盖不足时的用户业务感知。NSA 组网充分利用了存量 LTE 站点资源，其中 Option3 系列组网场景还利用了 4G EPC 资源，能够快速提供 5G 业务服务，并降低运营商的投入。在 5G 网络部署初期，运营商考虑到投资成本及快速规模化商用的因素，早期将主要基于 NSA 组网模式进行 5G 建设。

5G NR 的 SA 组网模式是指将 5G 基站同时用于信令和数据传输。它使用新的 5G 分组交换核心网架构，而不使用 4G 核心网。SA 组网的 5G 网络部署可以完全不依赖 4G 网络。在 SA 组网的 5G 网络中，基站命名为 gNodeB（简称 gNB），无线接入网命名为 NR，核心网命名为 NGC。SA 组网架构中的核心网使用 NGC，不经过 4G 核心网 EPC，控制面锚点在 gNB 上。它具有更低的成本和更高的效率，并有助于开发新的使用场景，提供更强大的功能和更高的商业价值，如超低时延业务、超大规模连接及端到端网络切片等。

2020 年 6 月，5G Release 16（简称 R16）标准正式发布。R16 新特征可大致分为向垂直行业扩展和功能增强两大方面。

R16 在向垂直行业扩展方面的主要技术包括 5G 系统与时间敏感网络（Time Sensitive Networking，TSN）集成（即 5G+TSN）、非公共网络（Non-Public Network，NPN）、5G 局域网（5G Local Area Network，5G LAN）、5G 车联网（5G Vehicle to Everything，5G V2X）、定位功能等。在 5G+TSN 方面，R16 将 5G 系统与 TSN 集成，采用基于 5G URLLC 的低时延高可靠能力，满足 TSN 架构严苛的功能需求，可通过 5G NR 无线替代工厂内的有线网络，使工业生产更加柔性化，扩大潜在的工业互联网用例。在 NPN 方面，采用基于 3GPP 5G 系统架构的专用网络，将 5G 扩展到传统的公共移动网络之外。在 5G NR-U 方面，R16 使 5G NR 工作于 5GHz 和 6GHz 的非授权频段。在 5G 局域网方面，R16 支持在一组接入终端间构建二层转发网络。在 5G V2X 方面，R16 通过 5G NR 的更低时延、更高可靠性和更大的容量来提供更高级和更全面的 V2X 服务，并支持 25 个 V2X 高级用例。在定位功能方面，R16 对 80% 的用户终端（User Equipment，UE）要求水平定位精度优于 3m（室内）/10m（室外），垂直定位精度优于 3m（室内和室外）。

R16 在功能增强方面的主要技术包括 URLLC 增强、两步随机接入机制（2-STEP Random Access Channel，2-STEP RACH）、5G NR 集成无线接入和回传（Integrated Access and Backhaul for NR，IAB）、移动性增强、双连接和载波聚合增强、MIMO 增强、UE 节能增强等。在 URLLC 增

强方面，为了支持工业领域的低时延、高可靠通信需求，R16 通过物理下行控制信道监视功能、无序上行物理共享信道调度、UE 优先级和多路复用等多个功能来进一步增强 URLLC。在 2-STEP RACH 方面，R16 采用了两步随机接入机制，相对于 R15 的四步随机接入过程，可减少等待时间，并降低控制信令开销。在 IAB 方面，R16 可通过扩展 NR 以支持无线回传来替代光纤回传。在移动性增强方面，为了减少切换中断时间和提高可靠性，R16 采用双激活协议栈（Dual Active Protocol Stack，DAPS)切换技术对 NR 的移动性进行了增强，其允许移动终端在切换时始终保持与源小区连接，直到与目标小区开始进行收发数据为止。在双连接和载波聚合增强方面，R16 增强了双连接和载波聚合功能，包括通过更早的测量报告减少载波聚合及双连接的建立和激活时间，最小化小区建立和激活所需的信令开销及等待时间等。在 MIMO 增强方面，R16 增强了波束管理和信道状态信息（Channel State Information，CSI）反馈，支持多个传输点到单个 UE 的传输，以及多个 UE 天线在上行链路的全功率传输，这些增强功能可提高速率，提升边缘覆盖，减少开销和提高链路可靠性。在 UE 节能增强方面，为了减少终端功耗，R16 引入了一些新的节能功能，如唤醒信号、增强跨时隙调度、自适应 MIMO 层数量、UE 省电辅助信息等。

1.2 5G 无线网络设备组网架构

5G 网络架构分为无线接入网、承载网、核心网 3 个部分。人们平时用 5G 手机打电话和上网正是依赖于该网络架构。举一个简单的业务场景：用 5G 手机连接蜂窝网络来在线观看电影。这个过程涉及两个方向的业务数据流，从手机到电影网站服务器（即应用服务器）是上行方向的业务，从电影网站服务器到手机是下行方向的业务。以上行方向业务为例，手机终端首先通过无线接口发送数据到 5G 无线接入网（由多个 5G 基站组成）；经过基站的处理后，再通过承载网设备转发到核心网，这里的承载网设备主要完成数据转发的功能；最终核心网会把上行的业务数据发送给外部的网站服务器，即完成上行方向业务交互。下行方向业务交互与上行方向业务交互的过程相反。

本节将对 4G 和 5G 移动通信网络的拓扑结构进行简述，具体介绍 5G 无线接入网、承载网、核心网的功能和网络结构，同时会详细介绍 5G 无线接入网部分的 NSA 组网和 SA 组网的具体方案及区别。

1.2.1 移动通信网络拓扑架构

1. 3GPP 空口协议栈

符合 3GPP 建议的接口协议包括空口控制面协议栈和空口用户面协议栈。接口涉及的数据处理流程众多，涉及多层协议，每一代空口技术的协议栈都有所不同。经过历代演进，5G 空口在 4G 的基础上做了部分改动，5G 在空口用户面协议栈增加了服务数据适配协议（Service Data Adaptation Protocol，SDAP）子层，并在分组数据汇聚协议（Packet Data Convergence Protocol，PDCP）子层新增了用户面的完整性校验功能。3GPP 空口协议栈如图 1-32 所示。

空口控制面协议栈中，最上层为非接入层（Non-Access Stratum，NAS），接着往下分 3 层。NAS 也称为高层，主要为 UE 与核心网交互的信令。第三层为无线资源控制（Radio Resource Control，RRC）层，RRC 是空口控制面的主要承载内容，主要为 UE 和 gNB 之间的无线信令消息。第二层由 PDCP 子层、无线链路控制（Radio Link Control，RLC）子层以及媒体接入控制（Media Access Control，MAC）子层构成，第二层主要为 RRC 层提供服务，对 RRC 信令进行处理。第一层为物理层（Physical Layer，PHY），物理层提供接口的物理时域和频域资源，并对数据进行物理层相关处理。

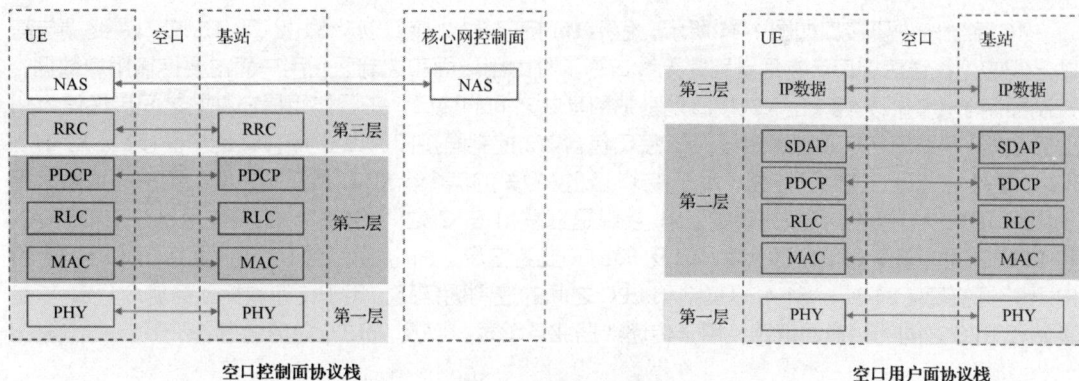

图 1-32　3GPP 空口协议栈

空口用户面协议栈分 3 层。第三层为 IP 数据层，为空口用户面承载的内容。相对于控制面，用户面第二层增加了 SDAP 子层，因此用户面第二层自上往下由 SDAP 子层、PDCP 子层、RLC 子层和 MAC 子层组成。用户面的第一层为物理层，与控制面相同。

2. TCP/IP 传输协议栈

4G、5G 移动通信系统传输网络采用传输控制协议/互联网协议（Transmission Control Protocol/Internet Protocol，TCP/IP）传输协议栈，如图 1-33 所示。

TCP/IP 传输协议栈分为底层和高层。其中，底层包括 IP 层、数据链路层和物理层。物理层主要设置传输物理端口信息，包括接口类型、协商速率及双工方式等。数据链路层主要设置虚拟局域网（Virtual Local Area Network，VLAN）信息。IP 层主要设置端口传输 IP 地址和路由信息。高层包括传输层和应用层。传输层主要用于设置信令和业务链路信息。应用层主要用于设置接口信息。

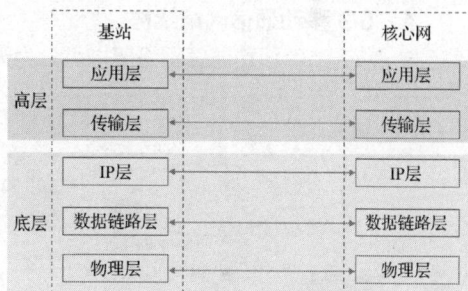

图 1-33　TCP/IP 传输协议栈

3. 4G 网络拓扑架构

4G 网络是从 3G 网络进一步演进而来的，其无线接入网称为演进型通用陆地无线接入网（Evolved Universal Terrestrial Radio Access Network，E-UTRAN），其核心网称为演进型分组核心网（即 EPC）。4G 网络中的基站称为 eNodeB（简称 eNB），其取消了 3G 网络中的无线网络控制器，将无线网络控制器的功能分散到 eNB 和核心网网关中；EPC 取消了电路域，保留了分组域，采用全 IP 组网，支持各种制式统一接入。EPC 可实现真正意义上的控制和承载分离。用户面连接到 IP 多媒体系统（即 IMS），实现了 LTE 网络上承载语音和交互视频的业务，即实现了所谓的长期演进语音承载（Voice over Long Term Evolution，VoLTE）。4G 网络拓扑架构如图 1-34 所示。

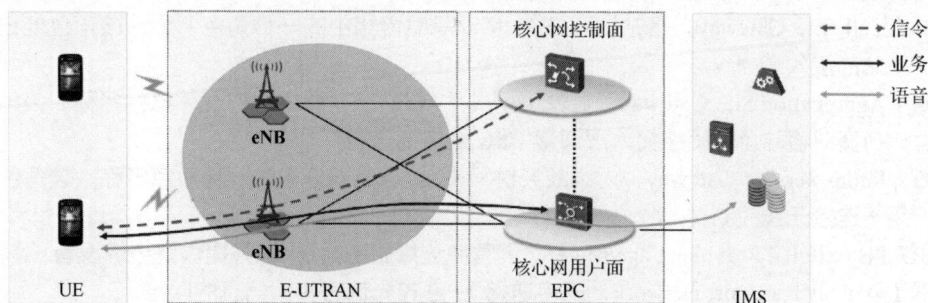

图 1-34　4G 网络拓扑架构

4G 系统的主要接口如图 1-35 所示，包括 Uu 接口、X2 接口以及 S1 接口。Uu 接口是终端与基站之间的无线通信接口，物理链路为无线链路，分为用户面和控制面，用户面主要传输用户数据，控制面用于传输相关信令。X2 接口是基站和基站之间的接口，主要作用是在基站之间传递信令和业务数据，帮助用户实现业务接续，X2 接口包含 X2 控制面接口（X2-C）和 X2 用户面接口（X2-U）。X2-C 是基站之间的控制面链路，用于传递、切换相关的信令。X2-U 是基站之间的用户面链路，用于用户切换过程中的业务数据转发。S1 接口是基站和 EPC 之间的接口，主要作用是在 E-UTRAN 和 EPC 之间传递信令和数据承载，以及 VoLTE 业务信息。S1 接口包含 S1 控制面接口（S1-C）和 S1 用户面接口（S1-U）。S1-C 是基站和 EPC 之间的控制面链路，用于传递数据业务信令。S1-U 是基站和 EPC 之间的用户面链路，用于传递数据业务承载，以及 VoLTE 业务信息。

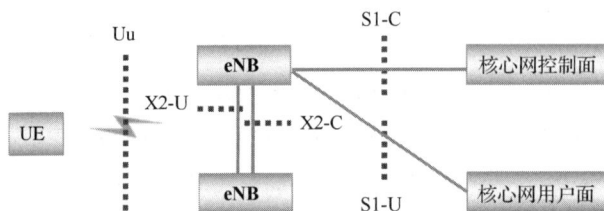

图 1-35　4G 系统的主要接口

4. 5G 移动通信网络架构

一般的，5G 移动通信网络架构可分为无线接入网、承载网、核心网 3 个部分，如图 1-36 所示。

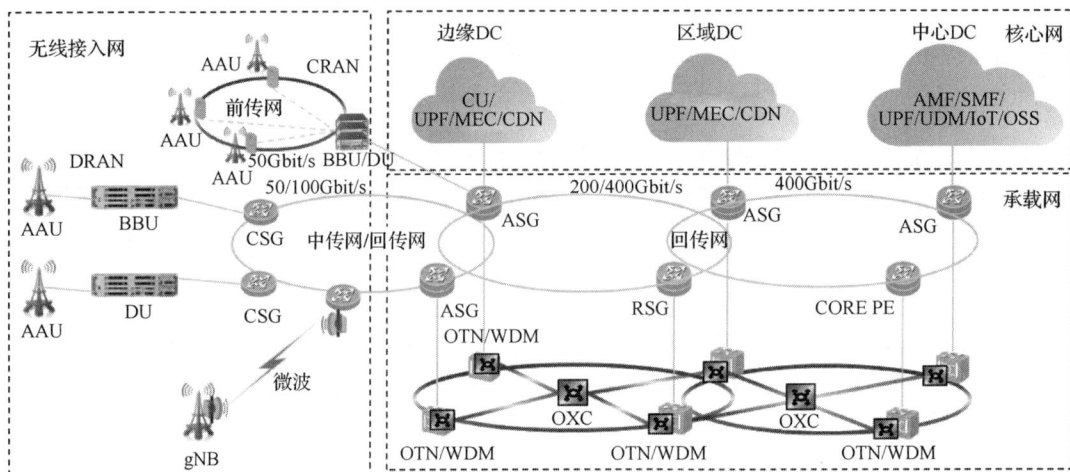

图 1-36　5G 移动通信网络架构

想要理解图 1-36 所示内容，需要对如下新名词的释义有所了解。

CSG（Cell Site Gateway，基站侧网关）：移动承载网络中的一种角色名称，该角色处在接入层，负责基站的接入。

ASG（Aggregation Site Gateway，汇聚侧网关）：移动承载网络中的一种角色名称，该角色位于汇聚层，负责对移动承载网络接入层海量 CSG 业务流进行汇聚。

RSG（Radio Service Gateway，无线业务侧网关）：承载网络中的一种角色名称，该角色处在汇聚层，用于连接无线控制器。

CORE PE（CORE Provider Edge router，运营商边缘路由器）：服务提供商边缘设备。

OTN（Optical Transport Network，光传送网）：通过光信号传输信息的网络。

WDM（Wavelength Division Multiplexing，波分复用）：一种数据传输技术，不同的光信号由

不同的颜色（波长频率）承载，并复用在一根光纤上传输。

OXC（Optical cross-Connect，光交叉连接）：一种用于对高速光信号进行交换的技术。

AAU（Active Antenna Unit，有源天线处理单元）：一种基站中大规模天线阵列的实施方案，是射频拉远单元（Remote Radio Unit，RRU）与天线的组合。

DRAN（Distributed Radio Access Network，分布式无线接入网）：一种采用 RRU 构成的分布式无线接入网，可以缩短 RRU 和天线之间馈线的长度，减少信号损耗，也可以使网络规划更加灵活。

BBU（Baseband Unit，基带单元）：一种基站中完成基带信号的调制与解调等处理的基本单元。

DU（Distributed Unit，分布单元）：云接入网（Cloud RAN）架构中，BBU 可能会分解为 CU（集中单元）和 DU（分布单元）两部分，DU 仍保留在 BBU 中，负责处理传统 BBU 的低层协议。

CU（Central Unit，集中单元）：云接入网架构中，BBU 可能会分解为 CU 和 DU 两部分，CU 可以部署在边缘数据中心，负责处理传统 BBU 的高层协议。

UPF（User Plane Function，用户面功能）：执行用户面的各项处理功能，其主要任务包括系统内和系统间移动的锚点、连接到数据网络的外部 PDU 会话点、分组路由和转发、包检查和用户面策略规则执行部分、流量使用报告等。

MEC（Multi-access Edge Computing，多接入边缘计算）：一种将云计算平台从移动核心网络内部迁移到移动接入网边缘的技术，实现计算及存储资源的弹性利用。

CDN（Content Delivery Network，内容分发网络）：一种构建在网络之上的内容分发网络，依靠部署在各地的边缘服务器使用户就近获取所需内容，降低网络拥塞。

AMF（Access and Mobility Management Function，接入和移动性管理功能）：核心网中负责接入和移动性管理功能的实体，对具有不同移动性管理需求的 UE 提供支持。

SMF（Session Management Function，会话管理功能）：与 AMF 一起支持定制的移动性管理方案，其主要任务为会话管理、UE IP 地址分配与管理、UPF 的选择与控制等。

UDM（Unified Data Management，统一数据管理功能）：5G 核心网支持用于计算和存储分离的数据存储体系结构。

5G 移动通信网络架构中 3 个部分的具体介绍如下。

（1）无线接入网

该部分只包含一种网元——5G 基站，也称为 gNodeB 或 gNB。它主要通过光纤等有线介质与承载网设备对接，特殊场景下也采用微波等无线方式与承载网设备对接。

目前 5G 无线组网方式主要有集中式无线接入网（Centralized Radio Access Network，CRAN）和分布式无线接入网两种，国内运营商现网的策略以 DRAN 为主，按需部署 CRAN。CRAN 场景下，BBU 集中部署后与 AAU 之间需要采用光纤连接，以将距离拉远。因此，其对光纤的需求量很大，部分场景下还需要引入波分前传。在 DRAN 场景下，BBU 和 AAU 采用光纤直连方案。

未来无线侧可能会向云化方向演进，演进为云接入网架构。

（2）承载网

承载网由光缆互连的承载设备通过 IP 路由协议、故障检测技术、保护倒换技术等实现相应的逻辑功能。承载网的主要功能是连接基站与基站、基站与核心网，提供数据的转发功能，并保证数据转发的时延、速率、误码率、业务安全等指标满足相关的要求。

5G 承载网的结构可以从物理层次和逻辑层次两个维度划分。从物理层次划分时，承载网被分为前传网（CRAN 场景下 AAU 到 DU/BBU 之间）、中传网（DU 到 CU 之间）和回传网（CU/BBU 到核心网之间）。图 1-36 中承载网是按照逻辑层次进行划分的。其中，中传网是 BBU 云化演进，是 CU 和 DU 分离部署之后才有的。如果 CU 和 DU 没有分离部署，则承载网的端到端仅有前传网和回传网。回传网会借助波分设备实现大带宽长距离传输，如图 1-36 所示，下层 2 个环是波分环，上层 3 个环是 IP 无线接入网（IP Radio Access Network，IPRAN）/分组传送网（Packet Transport Network，PTN）环，波分环具备大颗粒、长距离传输能力，IPRAN/PTN 环具备灵活转发能力，上下两种环配合使用，可实现承载网的大颗粒、长距离、灵活转发能力。一般来说，前传网和中传网是传输速率为 50Gbit/s 或 100Gbit/s 的环形网络，回传网是传输速率为 200Gbit/s 或 400Gbit/s 的环形网络。

从逻辑层次划分时，承载网被分为管理平面、控制平面和转发平面 3 个逻辑平面。其中，管理平面完成承载网控制器对承载网设备的基本管理功能，控制平面完成承载网转发路径（即业务隧道）的规划和控制，转发平面完成基站之间、基站与核心网之间用户报文的转发功能。

（3）核心网

5G 核心网采用云化架构，底层由通用的服务器硬件组成，通过网络功能虚拟化技术，可以将核心网各网元功能部署在云化核心网中。核心网主要提供业务控制和数据转发功能、运营商计费相关功能，以及针对不同业务场景的策略控制功能（如速率控制、计费控制）等。

核心网中有 3 类数据中心（Data Center，DC）：中心 DC（Central DC）、区域 DC（Region DC）和边缘 DC（Edge DC）。其中，中心 DC 一般部署在较大区域的中心或者各省省会城市，区域 DC 一般部署在地市机房，边缘 DC 一般部署在承载网接入机房。核心网设备一般放置在中心 DC 机房中。为了满足低时延业务需求，会在地市和区县建立数据中心机房，核心网设备会逐步下移至这些机房，缩短基站至核心网的距离，从而降低业务的转发时延。

5G 核心网是控制和承载分离的，承载和控制可独立扩展及演进，可集中式或分布式灵活部署。核心网控制面网元和一些运营支撑服务器等部署在中心 DC 中，如 AMF、SMF、UPF、UDM 和其他服务器，如物联网（Internet of Things，IoT）应用服务器、运营支撑系统（Operations Support System，OSS）服务器等。核心网用户面网元根据业务需求，可以部署在区域 DC 和边缘 DC 中。例如，区域 DC 可以部署核心网的 UPF、MEC、CDN 等；边缘 DC 可以部署 UPF、MEC、CDN，还可以部署无线侧云化 CU 等。

5. 5G 网络的主要接口

5G 网络主要网元和地面接口示意如图 1-37 所示。

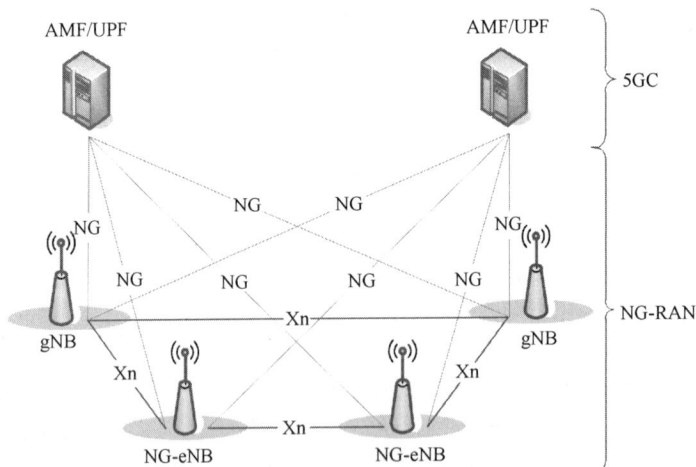

图 1-37　5G 网络主要网元和地面接口示意

5G 网络的主要网元包括接入网 NG-RAN 和 5G 核心网（即 5GC）。NG-RAN 接口由 gNB 和 Xn 接口组成。5G 核心网由 AMF 等控制面网元、UPF 等用户面网元组成。

5G 网络的地面网络接口由 Xn 接口和 NG 接口组成。Xn 接口是 gNB 之间的接口，支持数据和信令传输。NG 接口是 gNB 与 5G 核心网的接口，NG2 用于连接 gNB 与 AMF，NG3 用于连接 gNB 与 UPF。

1.2.2　NSA 组网方案

5G R15 中，Phase 1.1 和 Phase 1.3 确定了 5G 的 NSA 组网架构，包括 Option3、Option3a、Option3x、Option7、Option7a、Option7x 等组网。NSA 组网与 SA 组网的关键区别在于控制面锚点是在 4G 基站 eNB 侧还是在 5G 基站 gNB 侧。在 NSA 组网场景下，控制面锚点都在 eNB 侧，根据核心网的不同，主要分成 Option3 系列（核心网采用 EPC 架构）和 Option7 系列（核心网采用 NGC 架构）两大组网方案。

1. Option3 系列组网方案

Option3 系列组网方案主要思想是建设 5G 基站，利用旧的 4G 核心网（升级到 EPC+），将业务信令锚定在 LTE 侧，利用 LTE 的良好覆盖性能保证用户的业务持续性。如图 1-38 所示，Option3 系列组网方案包括 Option3、Option3a 和 Option3x 这 3 种。

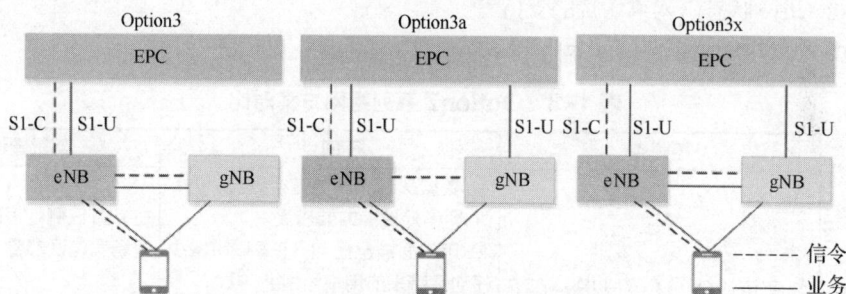

图 1-38　Option3 系列组网方案

Option3 系列 3 种组网方案对比如表 1-2 所示。

表 1-2　Option3 系列组网方案对比

组网方案	相同点	不同点	部署建议
Option3	① 核心网采用 EPC 架构，无线侧采用 eNB+gNB 架构。 ② 控制面锚点都在 eNB 侧，gNB 与 EPC 没有控制面连接。UE 通过 eNB 与核心网 EPC 建立连接	① 数据从 LTE 侧进行分流，对 eNB 处理能力要求高。 ② 用户面锚定在 eNB 侧，可以减少移动性带来的用户面中断。 ③ gNB 无须对接 EPC，对 EPC 改造无要求	在 LTE 侧处理能力不受限场景建议部署
Option3a		EPC 直接进行数据分流，只能基于承载网进行静态分流，无法根据无线环境进行动态调整	不建议部署
Option3x		① 数据从 gNB 侧进行分流，对 eNB 侧没有影响。 ② 用户面锚定在 gNB 侧，可能存在频繁的用户面锚点变更。 ③ gNB 需要对接 EPC	初期推荐部署，对 LTE 侧影响小

2. Option7 系列组网方案

如图 1-39 所示，Option7 系列组网方案包括 Option7、Option7a 和 Option7x 这 3 种。

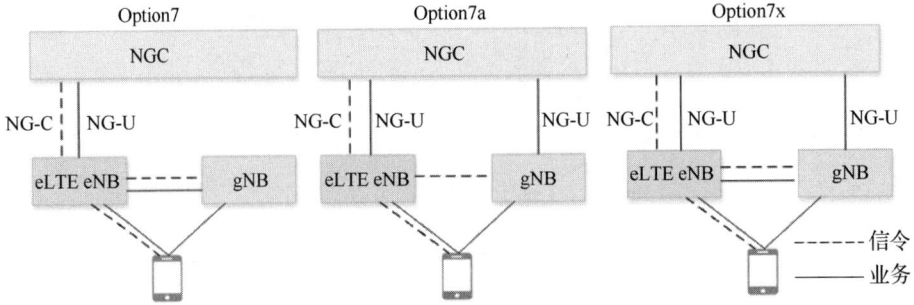

图 1-39　Option7 系列组网方案

相比 Option3 系列组网方案，Option7 系列组网方案有以下两个方面的区别。

（1）Option7 系列核心网采用全新的 NGC 架构，能够支持 URLLC、网络切片等新业务。

（2）无线侧 eNB 统一升级为 eLTE eNB。为了对接全新的 NGC 核心网， Option7 系列的 3 种组网方案都要对目前的 eNB 进行升级改造，包括新的 NG-C/NG-U 核心网接口、QoS 策略增强、新增 RRC-Inactive 状态、网络切片的支持等。

Option7 系列组网方案对比如表 1-3 所示。

表 1-3　Option7 系列组网方案对比

组网方案	相同点	不同点	部署建议
Option7	① 采用 5G 核心网+NR+eLTE 的双连接组网。 ② 信令面锚定在 eLTE 侧，NR 侧只有用户面，可以解决 5G 部署初期覆盖不连续的问题	① 数据从 eLTE 侧进行分流，对 eNB 侧处理能力要求高。 ② 用户面锚定在 eLTE 侧，可减少移动性带来的用户面中断	在 eLTE 侧处理能力不受限场景建议部署
Option7a		数据从 5G 核心网进行分流，5G 核心网只能基于承载网进行数据分流，无法根据无线环境进行调整	不建议部署
Option7x		① 数据从 gNB 侧进行分流，对 eNB 侧没有影响。 ② 用户面锚定在 gNB，可能存在频繁的用户面锚点变更	初期推荐部署，对 eLTE 侧影响小

1.2.3　SA 组网方案

5G R15 中，Phase 1.2 和 Phase 1.3 确定了 5G 的 SA 组网架构，包括 Option2、Option4、Option4a 等。SA 组网场景下，控制面锚点都在 gNB 侧，根据无线侧基站类型，主要分成 Option2 系列（无线侧只有 gNB）和 Option4 系列（无线侧 eNB+gNB）两大组网方案。

1. Option2 系列组网方案

如图 1-40 所示，Option2 系列组网方案只有一种。无线侧只有纯 5G 基站 gNB，核心网采用纯 5G 核心网 NGC，端到端没有任何 LTE 系统参与。该方案不仅可以支撑 eMBB 应用场景，还能支撑未来的 URLLC 和 mMTC 应用场景，同时能够实现灵活的网络切片，所以该方案是 5G 网络未来的目标组网方案。

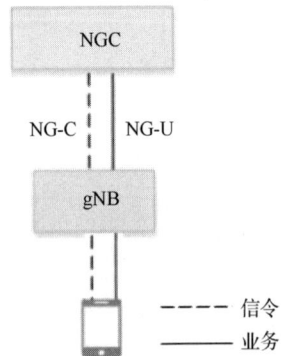

图 1-40　Option2 系列组网方案

2. Option4 系列组网方案

如图 1-41 所示，Option4 系列组网方案包括 Option4 和 Option4a 两种。

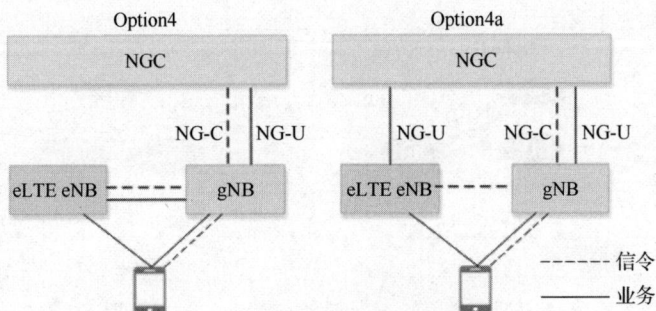

图 1-41　Option4 系列组网方案

以上 3 种组网方案的相同点、不同点以及部署建议如表 1-4 所示。

表 1-4　5G SA 组网的 3 种方案对比

组网方案	相同点	不同点	部署建议
Option2	① 核心网采用 NGC 架构。 ② 控制面锚点都在 gNB 侧	① 数据不分流。 ② 和 4G 没有关系，用户不需要 4G 辅助进行业务支持。 ③ 保证用户业务体验时，对 NR 覆盖要求较高	① 在运营商投资不受限场景下建议直接部署。 ② 在投资受限场景下建议从 NSA 组网方案演进
Option4		① 数据从 gNB 侧进行分流，对 eNB 侧没有影响。 ② 用户面锚定在 gNB 侧，可以根据无线空口信号质量进行动态分流	在实现 Option2 之后建议部署
Option4a		EPC 直接进行数据分流，只能基于承载网进行静态分流，无法根据无线环境进行动态调整	不建议部署

3. 5G 组网架构的演进与发展

（1）5G 组网架构演进途径

未来 5G 组网架构演进途径如图 1-42 所示。通过核心网升级，NSA 网络先从 Option3 系列组网方案演进到 Option7 系列组网方案，控制面锚点仍保留在 LTE 的 eNB 侧，如从图 1-42（a）向图 1-42（c）演进。再通过控制面锚点从 eNB 迁移到 gNB，NSA 网络从 Option7 系列组网方案演进到 SA 网络的 Option4 组网方案，如从图 1-42（c）向图 1-42（d）演进。最后，待条件成熟，演进到 SA 网络的 Option2 组网方案，如从图 1-42（d）向图 1-42（b）演进。

（2）无线接入网云化演进

早期 BBU、RRU 和供电单元等设备是配置在一起的，一个基站一套。后来随着演进，将 RRU 和 BBU 分离，并将 RRU 转移到天线周围，减少馈线长度以节约成本，组成天线+RRU 结构，这就是所谓的 DRAN。在这种情况下运营商仍需承担高额成本，如用电、空调、机房租赁等。

随着电信运营商更加高效、运营需求不断发展，出现了 CRAN，CRAN 集中化部署成为潮流，接着云无线接入网的概念兴起，其终极目标为实现无线网络的开放和软件定义。其特点是将 BBU 集中处理放在中心机房中，解决了场地租赁、用电效率不高、设备维护困难的问题，同时使资源调配更加灵活。在 CRAN 模式下，实体基站变成了虚拟基站，所有的虚拟基站在 BBU 基带池中共享用户的数据收发、信道质量等信息。强化的协作关系使得联合调度得以实现。小区之间的干扰变成了小区之间的协作，大幅提高了频谱使用效率，也提升了用户感知。

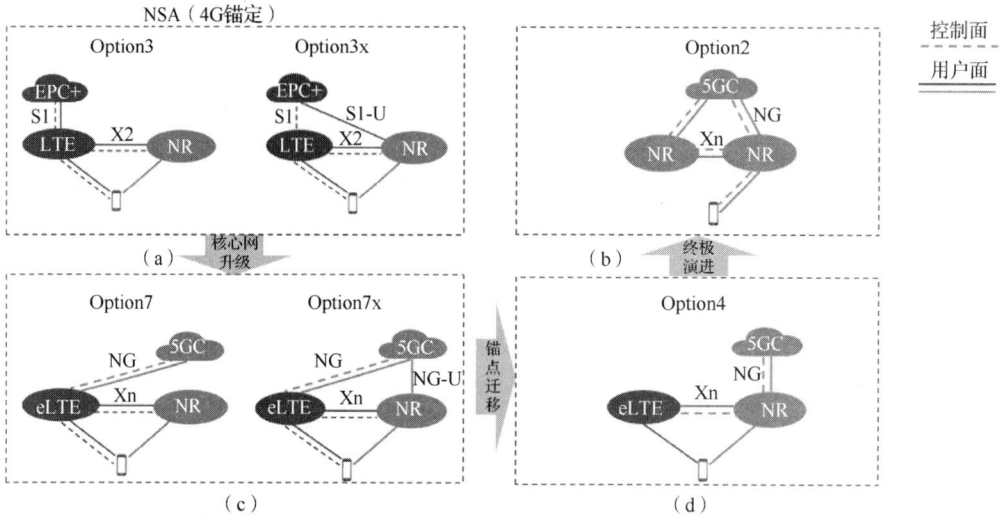

图 1-42　未来 5G 组网架构演进途径

在 5G 网络中，接入网被重构为 CU、DU、AAU 这 3 个功能实体。5G 网络中，将原 BBU 的非实时部分分割出来，重新定义为 CU，负责处理非实时协议和服务。将 BBU 的剩余功能重新定义为 DU，负责处理物理层协议和实时服务。将 BBU 的部分物理层处理功能以及无源天线合并为 AAU。

5G 产业的目标是使能千行百业，行业用户的定制化需求远高于个人用户。面向垂直行业市场，传统的无线建网方式通常面临复杂的业务开通和昂贵的网络维护成本，成为无线网络建设和规模化应用过程中的难点。更加智能的、可敏捷定制的 5G 无线网络已成为产业的现实诉求。图 1-43 描述了云无线接入网在提升用户体验、业务按需部署、敏捷运维和提升资源使用效率等方面的特点。无线网络云化的深化与落地加速推动运营商网络迈向 5G，为用户提供更好体验的同时，全面满足垂直行业多样化的业务诉求，推动构筑以业务为驱动的网络和建立开放的产业生态。无线网络云化是实现各行业和自身数字化转型最有效的技术和手段，可以帮助运营商实现资源高效利用、单元按需部署、业务敏捷发放、资产价值最大化，从而使能万千行业，持续为产业带来价值。

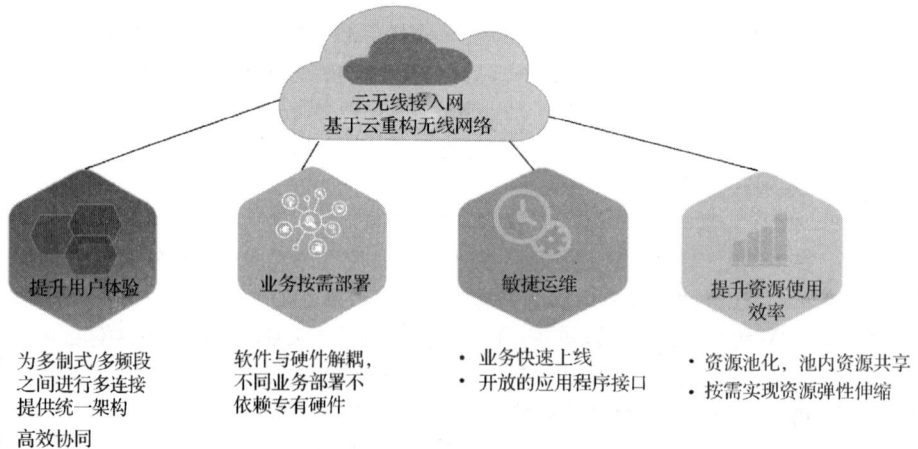

图 1-43　云无线接入网的特点

在 5G 网络中，根据业务的需要，CU、DU、AAU 可以采取分离或合设的方式，出现了多种网络部署形态。图 1-44 描述了无线网络云化的演进过程。在 5G 部署初期，采用 CRAN 模式，BBU

集中部署，可节省站点机房，并存在协同增益。随着 5G 网络的规模扩大，需要提供的 5G 业务类型增多，逐渐采用 CU 云化部署模式，CU 功能集中云化部署，促使数据中心、分流、边缘计算及智能运维等更加高效。

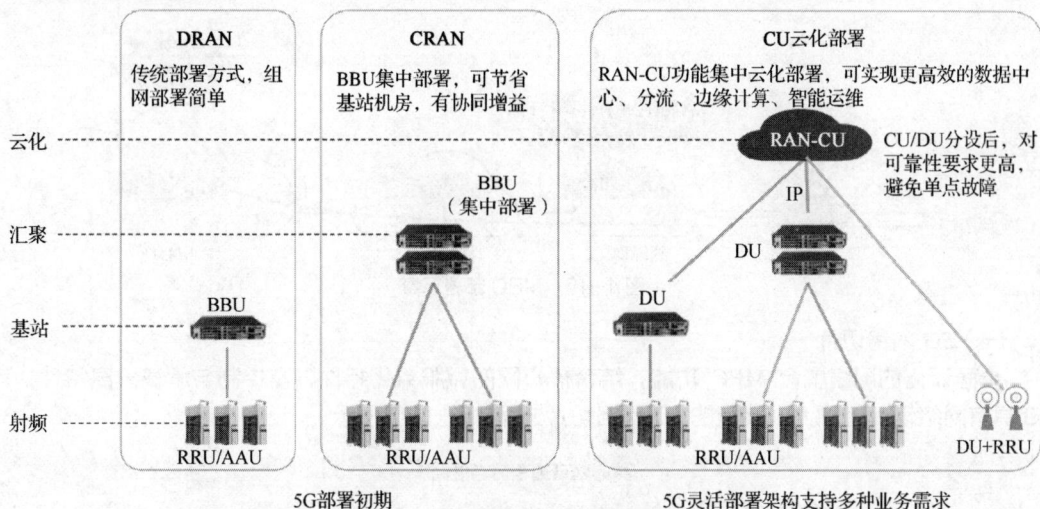

图 1-44　无线网络云化的演进过程

一般的，云无线接入网云化部署的方案有两种，如图 1-45 所示。方案 1 将 CU 部署在区域 DC 中，DU 则根据具体的应用场景需求部署在中心机房或者接入机房中。方案 2 将 CU 部署在中心机房中，DU 部署在接入机房中。

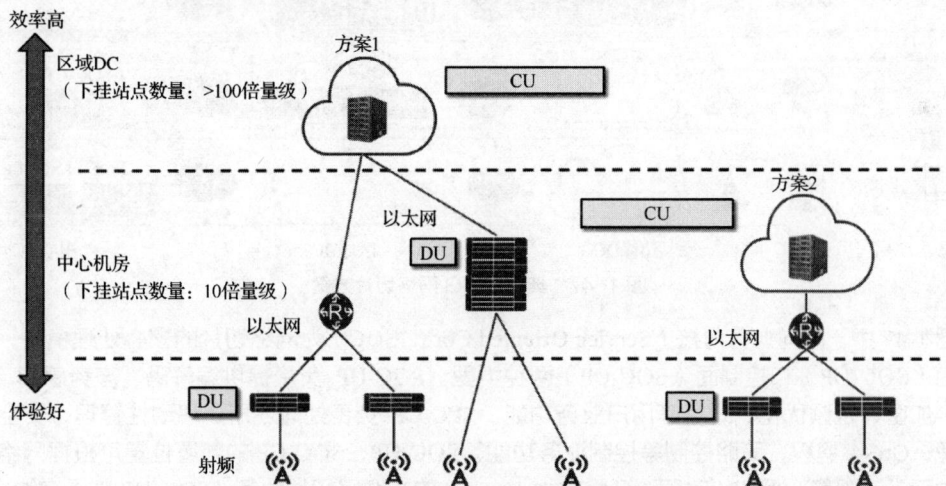

图 1-45　云无线接入网云化部署的两种方案

方案 1 的优势在于可实现更大范围的控制处理及资源共享，其缺点为时延较高，对于时延敏感型业务不适合部署。方案 2 的优势在于更靠近用户，时延低，其缺点在于资源不能大范围共享，且可能需要改造机房才能部署服务器。

（3）多接入边缘计算部署

多接入边缘计算（即 MEC）就是将应用、内容和移动宽带（Mobile Broadband，MBB）核心网用户面一同部署到靠近接入侧的网络边缘，通过业务靠近用户处理，以及应用、内容与网络的协同，来提供可靠、极致的业务体验。MEC 实际上在网络的边缘提供 IT 服务环境，由于非常靠近用户，可以给业务带来超低时延特性。MEC 可以实现本地数据分流，避免流量迂回。根据部署位置的不同，数据中心分为 3 类，分别为边缘 DC、区域 DC 和中心 DC。如图 1-46 所示，MEC 部署在边缘 DC 处。

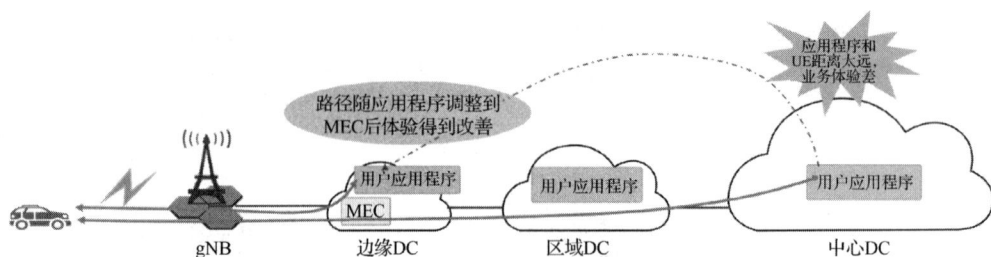

图 1-46　MEC 部署示意

（4）5G 网络切片

全面云化的网络融合 MEC 功能，结合核心网的微服务化特性以及控制与承载分离特性，使 5G 具有网络切片的能力。典型的 5G 网络切片方案如图 1-47 所示。

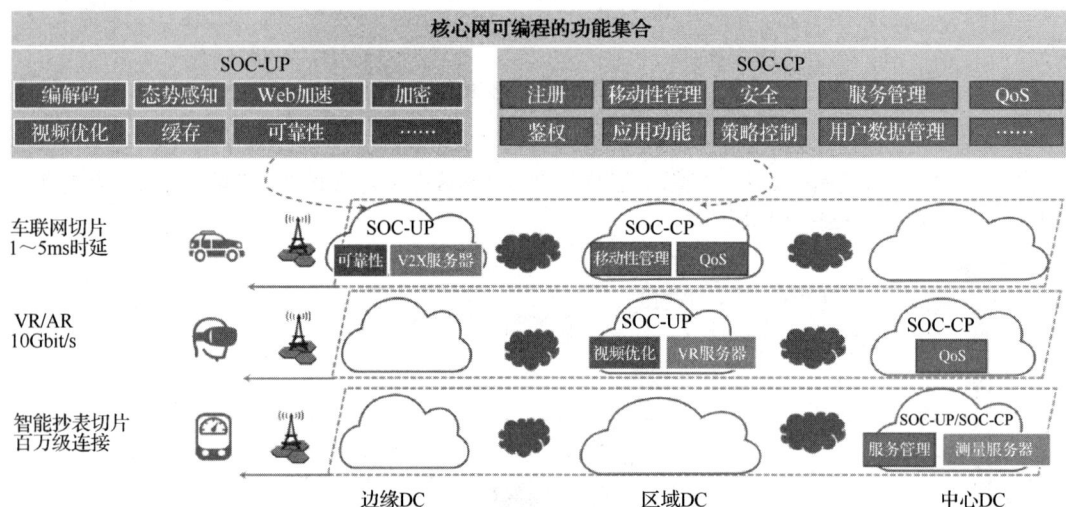

图 1-47　典型的 5G 网络切片方案

图 1-47 中，面向业务内核（Service Oriented Core，SOC）为网络切片的核心处理模块，分为用户面（SOC-UP）和控制面（SOC-CP）两种类型。SOC-UP 负责提供编解码、态势感知、Web 加速、加密、视频优化、缓存等用户业务功能。SPC-CP 负责处理注册、移动性管理、安全、服务管理、QoS、鉴权、策略控制等控制业务功能。SOC-UP、SOC-CP 的部署位置可根据网络切片的需求而灵活设置。例如，对于时延需求为 1～5ms 的车联网切片业务，SOC-UP 部署在边缘 DC 中，设置 V2X 服务器，并提供高可靠性服务；SOC-CP 部署在区域 DC 中，提供移动性管理和 QoS 服务。对于速率达到 10Gbit/s 的 VR/AR 切片业务，SOC-UP 部署在区域 DC 中，设置 VR 服务器，并提供视频优化服务；SOC-CP 部署在中心 DC 中，提供 QoS 服务。对于百万级连接需求的智能抄表切片业务，SOC-CP 和 SOC-UP 集中部署在中心 DC 中，设置测量服务器并进行服务管理。

1.3　5G 频段、空口信道和无线网络关键技术

5G 接口简称"空口"，用于终端 UE 与基站 gNB 进行通信。这个接口被命名为 Uu 接口，大

写字母 U 表示"用户网络接口"（User to Network Interface，UNI），小写字母 u 则表示"通用的"（universal）。

本节主要介绍 5G 频段及规范、5G 空口信道及应用（包括 5G 逻辑信道、5G 传输信道、5G 物理信道等）以及 5G 无线网络关键技术，如提高速率技术、降低时延技术和提升覆盖技术等。

1.3.1　5G 频段及规范

1. 频谱资源

NR 频域资源采用了更高的频段资源。下面将分别介绍 5G 频段信息。

根据香农原理，增加载波带宽是增加系统容量和传输速率最直接的方法。未来 5G 最大带宽有望达到 1GHz，考虑到目前频率占用情况，5G 将不得不使用高频进行通信，5G 网络频谱如图 1-48 所示。

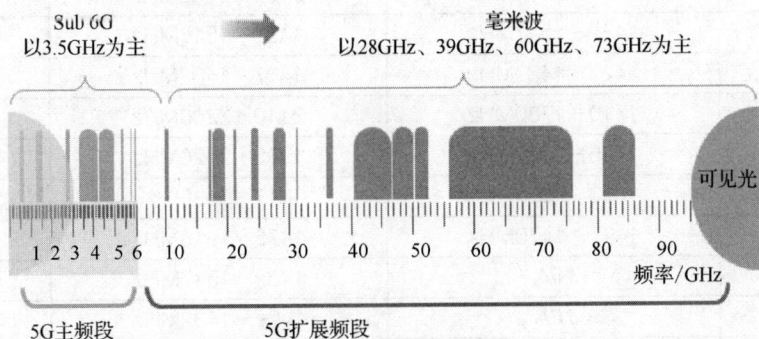

图 1-48　5G 网络频谱

在 3GPP R15 协议中，5G 的总体频谱资源可以分为以下两个频率范围（Frequency Range，FR），分别是 FR1 和 FR2。

① FR1：Sub 6G 频段，也就是所谓的低频频段，是 5G 主频段；其中 3GHz 以下的频率被称为 Sub 3G。

② FR2：毫米波，为 5G 扩展频段，频谱资源丰富。

FR1 和 FR2 对应的具体频率范围如表 1-5 所示。现阶段我国的 5G 网络主要采用 FR1 频谱资源进行部署。

表 1-5　FR1 和 FR2 对应的具体频率范围

频率分类	对应的具体频率范围
FR1	250～6000MHz
FR2	24250～52600MHz

不同的频率范围对应的具体频段不同，使用场景也不同。不同频段对应不同的频率范围和双工模式。

FR1 的频段和双工信息如表 1-6 所示。双工模式除了常见的 FDD 和 TDD 之外，NR 新增了补充下行（Supplemental Downlink，SDL）模式和补充上行（Supplemental Uplink，SUL）模式，用于特殊场景下增补上下行系统容量。

表 1-6　FR1 的频段和双工信息

NR 频段	上行频率	下行频率	双工模式
n1	1920~1980MHz	2110~2170MHz	FDD
n2	1850~1910MHz	1930~1990MHz	FDD
n3	1710~1785MHz	1805~1880MHz	FDD
n5	824~849MHz	869~894MHz	FDD
n7	2500~2570MHz	2620~2690MHz	FDD
n8	880~915MHz	925~960MHz	FDD
n20	832~862MHz	791~821MHz	FDD
n28	703~748MHz	758~803MHz	FDD
n38	2570~2620MHz	2570~2620MHz	TDD
n41	2496~2690MHz	2496~2690MHz	TDD
n50	1432~1517MHz	1432~1517MHz	TDD
n51	1427~1432MHz	1427~1432MHz	TDD
n66	1710~1780MHz	2110~2200MHz	FDD
n70	1695~1710MHz	1995~2020MHz	FDD
n71	663~698MHz	617~652MHz	FDD
n74	1427~1470MHz	1475~1518MHz	FDD
n75	N/A	1432~1517MHz	SDL
n76	N/A	1427~1432MHz	SDL
n77	3.3MHz~4.2GHz	3.3MHz~4.2GHz	TDD
n78	3.3MHz~3.8GHz	3.3MHz~3.8GHz	TDD
n79	4.4MHz~5.0GHz	4.4MHz~5.0GHz	TDD
n80	1710~1785MHz	N/A	SUL
n81	880~915MHz	N/A	SUL
n82	832~862MHz	N/A	SUL
n83	703~748MHz	N/A	SUL
n84	1920~1980MHz	N/A	SUL

FR2 的频段和双工信息如表 1-7 所示，考虑到毫米波具有大带宽的特征，FR2 双工模式全部为 TDD 模式。

表 1-7　FR2 的频段和双工信息

NR 频段	频率范围	双工模式
n257	26500~29500MHz	TDD
n258	24250~27500MHz	TDD
n260	37000~40000MHz	TDD
n261	27500~28350MHz	TDD

2. 小区和扇区

扇区是由一组覆盖范围相同的射频天线或波束组成的无线覆盖区域。NR 小区仍和 LTE 一样，指一段频谱内的无线通信资源，小区频段的中心频点即小区频点，常用来代指小区。图 1-49 所示为小区与扇区示意，其中有 2 个频点 3 个扇区，合计 6 个小区。

3. 我国的 5G 频谱分配情况

2018 年 12 月，中国移动、中国电信和中国联通三大运营商获得全国范围 5G 中低频段试验频率使用许可。图 1-50 所示为我国 5G 频谱方案，可知，中国移动获得 2515 ～ 2675MHz 和 4800 ～ 4900MHz 频段的 5G 试验频率资源，中国电信获得 3400 ～ 3500MHz 频段的 5G 试验频率资源，中国联通获得 3500 ～ 3600MHz 频段的 5G 试验频率资源。

2020 年 1 月，中华人民共和国工业和信息化部（简称工信部）向中国广电颁发 4.9GHz 频段 5G 试验频率使用许可，同意其在北京等 16 个城市部署 5G 网络，同时中国广电还手握 700MHz 的"黄金频谱"。

2020 年 2 月，工信部分别向中国电信、中国联通和中国广电颁发无线电频率使用许可证，同意这 3 家企业在全国范围共同使用 3300 ～ 3400MHz 频段用于 5G 室内覆盖。

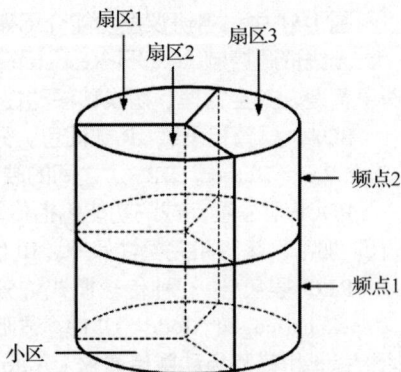

图 1-49　小区与扇区示意

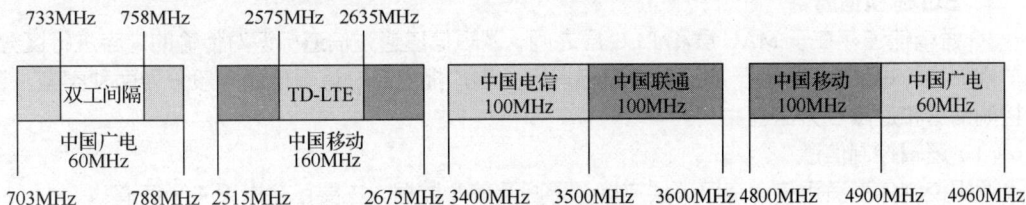

图 1-50　我国 5G 频谱方案

1.3.2　5G 空口信道及应用

符合 3GPP 建议的接口协议包括空口控制面协议栈和空口用户面协议栈，NR 接口协议层之间的数据传递需要通过各种信道完成。5G 空口信道按照层次由高到低划分为逻辑信道、传输信道和物理信道三大类，5G 空口信道与各协议栈逻辑关系示意如图 1-51 所示。本节将分别介绍三大类信道的功能、分类以及信道之间的映射关系。

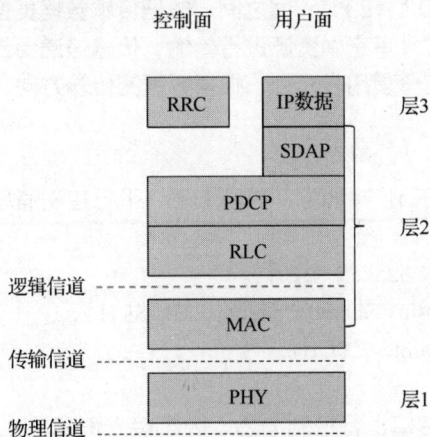

图 1-51　5G 空口信道与各协议栈逻辑关系示意

图 1-51 中，各协议层功能介绍如下。

无线资源控制（Radio Resource Control，RRC）层只用于控制面，主要完成的功能包括系统消息管理、安全管理、切换和移动性管理、NAS 消息传输、无线资源管理等。

SDAP 层直接承载 IP 数据包，只用于用户面，主要负责的功能包括 QoS 流与数据无线承载（Data Radio Bearer，DRB）之间的映射，为数据包添加 QoS 流标记（QoS Flow ID，QFI）。

PDCP 层主要完成的功能包括传输用户面和控制面数据，路由和重复（NSA 组网双连接场景时），加密、解密和完整性保护，IP 包头压缩（用户面）等。

RLC 层包含 3 种传输模式，分别为确认模式（Acknowledged Mode，AM）、非确认模式（Unacknowledged Mode，UM）、透明模式（Transparent Mode，TM）。RCL 层主要完成的功能包括检错、纠错和自动重传请求（Automatic Repeat reQuest，ARQ）、分段和重组、重复包检测等。

MAC 层主要完成的功能包括逻辑信道和传输信道之间的映射、无线资源调度、混合自动重传请求（Hybrid Automatic Repeat reQuest，HARQ）。HARQ 是一种重传机制，在数据发出后根据对方反馈的指示（是否正确接收解调）进行重传。

PHY 层主要完成的功能包括物理信道的映射、调制和解调、频率同步和时间同步、无线测量、MIMO 处理、射频处理等。

1. 5G 逻辑信道

5G 逻辑信道存在于 MAC 层和 RLC 层之间，逻辑信道通过信道标识对传输的内容进行区分，如广播信道（BCCH）用自己的逻辑信道标识区分出广播消息。逻辑信道一般分为两种类型：逻辑控制信道和逻辑业务信道。

（1）逻辑控制信道

逻辑控制信道负责传递空口高层广播、寻呼及信令数据，主要包含以下 4 个信道。

① 广播控制信道（Broadcast Control Channel，BCCH）。

② 寻呼控制信道（Paging Control Channel，PCCH）。

③ 公共控制信道（Common Control Channel，CCCH）。

④ 专用控制信道（Dedicated Control Channel，DCCH）。

（2）逻辑业务信道

逻辑业务信道负责传递空口高层业务数据，只有专用业务信道（Dedicated Traffic Channel，DTCH）一个信道。

2. 5G 传输信道

5G 传输信道存在于 MAC 层和 PHY 层之间，根据传输数据类型和空口上的数据传输方法进行定义。例如，业务消息通过共享空中资源进行传输，传输信道会告诉物理层如何去传送这些信息，如使用调制编码阶数、空分复用方式等。根据数据的传输方向，传输信道分为两种类型：下行传输信道和上行传输信道。

（1）下行传输信道

下行传输信道负责传递空口广播消息、寻呼消息、下行控制消息及下行数据，主要包含以下 3 个信道。

① 广播信道（Broadcast Channel，BCH）。

② 下行共享信道（Downlink Shared Channel，DL-SCH）。

③ 寻呼信道（Paging Channel，PCH）。

（2）上行传输信道

上行传输信道负责传递空口上行控制消息、随机接入消息及上行数据，主要包含以下两个信道。

① 上行共享信道（Uplink Shared Channel，UL-SCH）。

② 随机接入信道（Random Access Channel，RACH）。

3. 5G 物理信道

物理信道负责编码、调制、多天线处理以及从信号到物理时频资源的映射。基于映射关系，高层一个传输信道可以服务物理层一个或几个物理信道。根据数据的传输方向，物理信道可以分为两种类型：下行物理信道和上行物理信道。

（1）下行物理信道

下行物理信道负责传递下行控制消息、广播消息、寻呼消息及下行数据，主要包含以下 3 个信道。

① 物理广播信道（Physical Broadcast Channel，PBCH）。

② 物理下行控制信道（Physical Downlink Control Channel，PDCCH）。

③ 物理下行共享信道（Physical Downlink Shared Channel，PDSCH）。

（2）上行物理信道

上行物理信道负责传递空口上行控制消息、随机接入消息及上行数据，主要包含以下 3 个信道。

① 物理上行控制信道（Physical Uplink Control Channel，PUCCH）。

② 物理上行共享信道（Physical Uplink Shared Channel，PUSCH）。

③ 物理随机接入信道（Physical Random Access Channel，PRACH）。

相比 4G 的物理信道，5G 减少了两个物理信道，分别是物理控制格式指示信道（Physical Control Format Indicator Channel，PCFICH）和物理混合自动重传请求指示信道（Physical HARQ Indicator Channel，PHICH）。

4. 5G 信道映射

逻辑信道、传输信道和物理信道并不是互相独立的，三者之间有紧密的对应关系。下面分别从下行和上行两个方向介绍三者之间的映射关系。

（1）下行信道映射

5G 空口下行信道映射关系如图 1-52 所示，逻辑信道映射到传输信道（一对一、一对多、多对一），传输信道再映射到物理信道（一对一、多对一）。

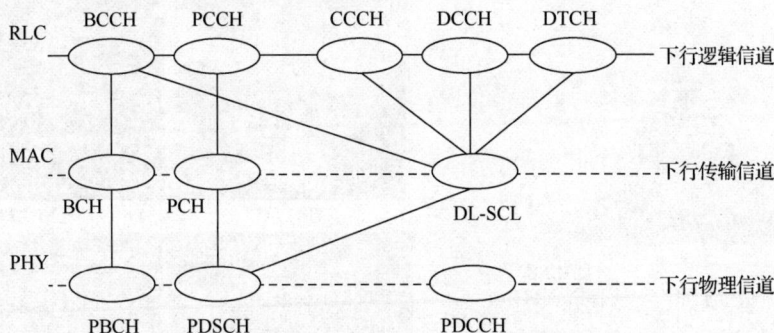

图 1-52　5G 空口下行信道映射关系

逻辑信道 PCCH 中的寻呼控制信息在传输信道 PCH 中传输，由物理信道 PDSCH 空口发送。逻辑信道 BCCH 中的广播控制消息向传输信道映射时，主信息块（Master Information Block，MIB）进入传输信道 BCH 进行处理，由物理信道 PBCH 在特定时频资源中发送。BCCH 中的系统消息块（System Information Block，SIB）则与 CCCH 中的公共控制信息、DCCH 中的专用控制信息，以及 DTCH 中的专用业务数据在传输信道的 DL-SCH 中合并传输，由物理信道 PDSCH 在系统调度的时频资源中发送。此外，下行的控制消息（如调度信息等）在物理层由 PDCCH 发送。

（2）上行信道映射

5G 空口上行信道映射关系如图 1-53 所示，物理信道映射到传输信道（一对一），传输信道再映射到逻辑信道（一对多）。

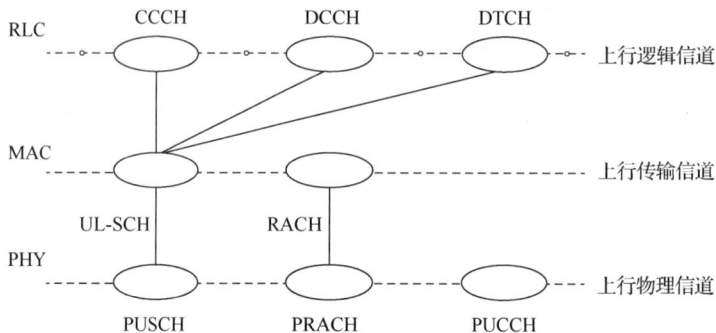

图 1-53　5G 空口上行信道映射关系

上行物理信道向上行传输信道映射时，PUSCH 进入 UL-SCH，PRACH 进入 RACH。UL-SCH 在向逻辑信道映射时，根据传输上行数据具体内容的不同，分别进入 CCCH、DCCH 和 DTCH。

1.3.3　5G 无线网络关键技术

ITU 于 2015 年 6 月定义了未来 5G 的三大类应用场景，即 eMBB、URLLC 和 mMTC，5G 三大类应用场景示例如图 1-54 所示。其中，eMBB 指大流量移动宽带业务，如增强现实（Augmented Reality，AR）、虚拟现实（Virtual Reality，VR）、超高清视频等；URLLC 指需要高可靠、低时延连接的业务，如无人驾驶、工业控制等；而 mMTC 指大规模物联网业务，如面向智慧城市、环境监测等以传感和数据采集为目标的应用场景。ITU 组织对这三大场景的愿景分别是 10Gbit/s 的峰值速率、1ms 的空口时延以及 100 万个连接/平方千米。

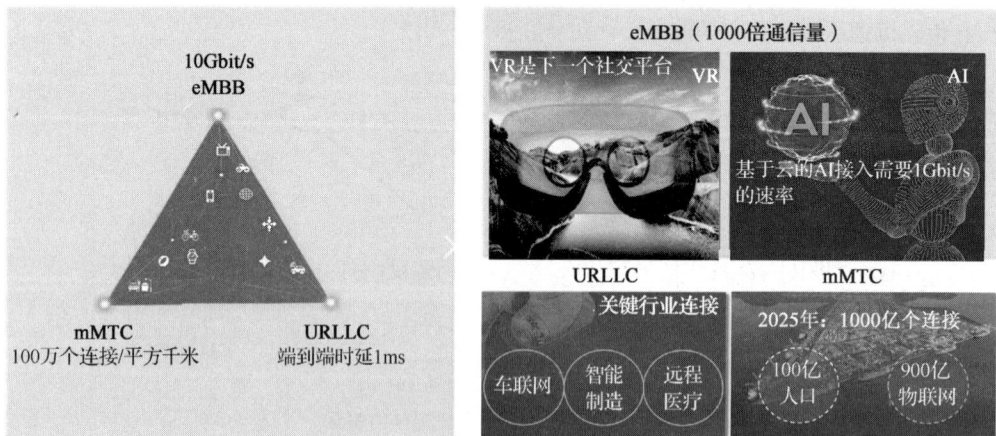

图 1-54　5G 三大类应用场景示例

为实现这三大类应用场景的愿景，5G 网络整体架构比 4G 有了很大的改变，并采用了很多新技术，以提升空口性能、覆盖质量和业务保障能力。本节将先介绍 5G NR 物理资源以及相关的核心技术，再重点介绍 5G 三大类关键技术，即提高速率技术、降低时延技术和提升覆盖技术。

1. NR 物理资源

NR 物理资源由时域资源和频域资源组成。时域资源主要包括无线帧、子帧、时隙、符号、基本时间单位等。频域资源主要包括子载波间隔（Subcarrier Spacing，SCS）、资源块、资源粒子等。一些典型的 NR 物理资源介绍如下。

① 资源网格（Resource Grid，RG）：上下行分别定义。时域占用 1 个子帧，频域占用传输带宽内可用资源块。

② 资源粒子（Resource Element，RE）：物理层资源的最小粒度。时域占用 1 个 OFDM 符号，频域占用 1 个子载波。

③ 资源块（Resource Block，RB）：数据信道资源分配基本调度单位。3GPP 规范定义了 type0 和 type1 这两种频谱资源分配类型。RB 用于 type1 类型的资源分配。频域占用 12 个连续子载波。

④ 资源块组（Resource Block Group，RBG）：数据信道资源分配基本调度单位。RBB 用于 type0 类型的资源分配，降低了控制信道开销。频域占用 2 个或 4 个或 8 个或 16 个 RB。

⑤ 资源单元组（Resource Element Group，REG）：控制信道资源分配基本组成单位。时域占用 1 个 OFDM 符号，频域占用 12 个子载波（即 1 个 RB）。

⑥ 控制信道元素（Control Channel Element，CCE）：控制信道资源分配基本调度单位。频域 1CCE=6REG。

下面对 NR 中与物理资源相关的几个关键概念和技术进行逐一介绍。

（1）5G 全局栅格

为了更方便地表示系统的工作频率，5G 仍然沿用频点的概念。频点用于标识某个特定的频率，也就是说，每个系统频率都可以用一个对应的频点表示。在小区的参数配置中，小区的工作频率范围（频域带宽）是用其中心频点（即中心频率对应的频点）以及上行下行带宽来表示的。例如，某 NR TDD 小区的工作频率如图 1-55 所示，其中心频率为 3450MHz，带宽为 100MHz。

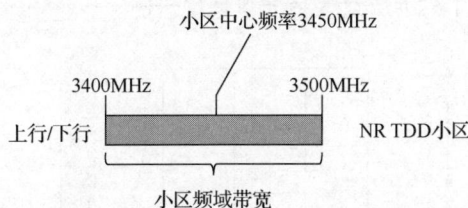

图 1-55　某 NR TDD 小区的工作频率

3GPP 定义了 5G 的全局栅格（Global Raster），即两个相邻频点之间的间隔。另外，3GPP 定义了 5G 全局频点的计算公式，可用于计算 NR 小区的中心频点。5G 频点和频率换算公式如下。

$$f_{REF}=f_{REF\text{-}Offs}+\Delta f_{Global}\left(N_{REF}-N_{REF\text{-}Offs}\right) \tag{1-1}$$

式中，f_{REF} 为某频点的频率值，Δf_{Global} 为每个频点栅格的间隔，在 5G 不同的频段中，Δf_{Global} 值不相同，这些参数之间的对应关系如表 1-8 所示。其中，$f_{REF\text{-}Offs}$ 为起始频率，N_{REF} 为频点值，$N_{REF\text{-}Offs}$ 为起始频点值。

表 1-8　频率范围、频点、频点栅格的对应关系

频率范围/MHz	Δf_{Global}/kHz	$f_{REF\text{-}Offs}$/MHz	$N_{REF\text{-}Offs}$	N_{REF} 范围
0～3000	5	0	0	0～599999
3000～24250	15	3000	600000	600000～2016666
24250～100000	60	24250.08	2016667	2016667～3279165

例如，某 5G 小区频点值为 630000，通过表 1-8 可以查询到该小区对应的频率范围为 3000~24250MHz，Δf_{Global} 为 15kHz（0.015MHz），$f_{\text{REF-Offs}}$ 为 3000MHz，$N_{\text{REF-Offs}}$ 为 600000，则该小区中心频率计算如下。

$$f_{\text{REF}}=3000\text{MHz}+0.015\text{MHz}\times(630000-600000)=3450\text{MHz}$$

（2）5G 信道栅格

信道栅格（Channel Raster）用于指示空口信道的频域位置，可进行资源映射，大小为 1 个或多个全局栅格，并与系统频段相关。如图 1-56 所示，当 NR TDD 系统频带为 N78，SCS 为 30kHz 时，系统的频点值范围为 620000~653332，每两个频点之间的间隔（即全局栅格）为 15kHz；由于 SCS 为 30kHz，为了保证信道栅格和子载波对齐，信道栅格的大小为全局栅格的 2 倍（即 30kHz）。

（3）5G 全局同步信道号

UE 开机时需要进行下行同步（即和基站保持时域、频域同步），NR 将同步信号、PBCH 内容合并放置在一块特定的时域/频域资源上，供终端搜索以完成下行同步，获取系统消息，这个资源块被称为同步信号块（Synchronization Signal Block，SSB）。同步信号包括主同步信号（Primary Synchronization Signal，PSS）和辅同步信号（Secondary Synchronization Signal，SSS）。

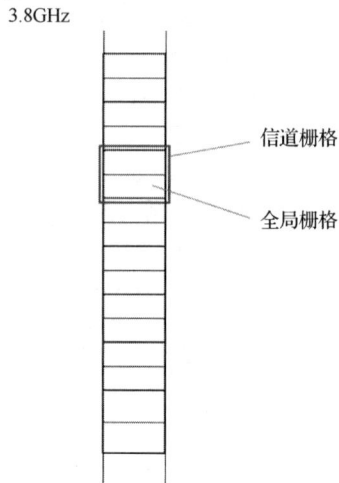

图 1-56　全局栅格和信道栅格关系示例

5G 全局同步信道号（Global Synchronization Channel Number，GSCN）用于标记同步信号块的信道号，每一个 GSCN 对应一个同步信号块的频域位置（即同步信号块的中心频率），GSCN 按照频域进行增序编号。图 1-57 所示为某同步信号块示例。

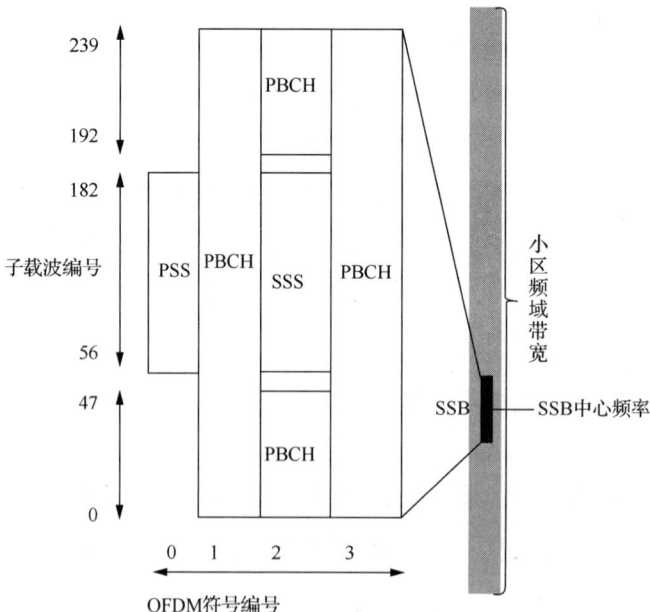

图 1-57　某同步信号块示例

UE 开机搜索同步信号块时，在不知道同步信号块的中心频率的情况下，需要按照一定的步长盲检 UE 所支持频段内的所有频点。NR 的小区频域带宽一般很大，如果按照信道栅格去盲检，则会耗费很长的时间，导致 UE 接入速度非常慢，为此协议定义了同步栅格（Synchronization Raster），规定 UE 以同步栅格作为步长进行盲检。同步栅格的大小也和频段有关。Sub 3G 频段同步栅格大小为 1200kHz，C-Band 频段（频率范围为 3000～24250MHz）同步栅格大小为 1.44MHz，毫米波频段同步栅格大小为 17.28MHz。GSCN 的频域位置和同步栅格的对应关系如表 1-9 所示。

表 1-9　GSCN 的频域位置和同步栅格的对应关系

频率范围	同步信号块频域位置 SS_{REF}	GSCN	GSCN 的范围
0～3000MHz	$N \times 1200kHz + M \times 50\ kHz$, $N = 1 : 2499$, $M \in [1,2,3,5]$	$3N+(M-2)/2$	2～7498
3000～24250MHz	$3000MHz + N \times 1.44MHz$, $N = 0 : 14756$	$7499+N$	7498～22255
242550～100000MHz	$24250.08MHz + N \times 17.28MHz$, $N = 0 : 4383$	$22256+N$	22256～26639

例如，当系统频带为 N41 时，若 $N=2104$，$M=3$，则同步信号块频域位置和对应的 GSCN 如下。

同步信号块的中心频率为 $N \times 1200kHz + M \times 50kHz$，即 2524.95MHz。

$GSCN = 3N+(M-3)/2 = 6312$。

（4）基于子带滤波的正交频分复用

基于子带滤波的正交频分复用（Filtered-Orthogonal Frequency Division Multiplexing，F-OFDM）为 5G 全新技术，在 3GPP R15 中冻结。相比 4G 的 OFDM，F-OFDM 最大的变化是采用了全新滤波技术，可以支持相同子帧内可变子载波带宽，当前已经成为 5G 标配的关键技术。

4G 系统采用了 OFDM 技术，其子载波规格如图 1-58 所示。在频域，子载波物理带宽是固定的 15kHz，如此一来，其时域符号周期的长度、保护间隔/循环前缀（Cyclic Prefix，CP）的长度也就被固定下来，且一旦确定将不能被更改。

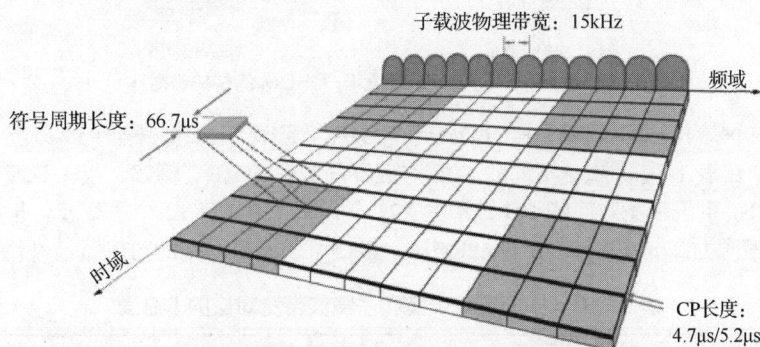

图 1-58　4G 系统的 OFDM 子载波规格

不同的 5G 应用对网络需求的差异较大。例如，自动驾驶业务要求极短的时域符号周期与传输时间间隔（Transmission Time Interval，TTI），这就需要在频域有较宽的子载波物理带宽；而在物联网的海量连接应用场景下，单个无线传感器所传送的无线数据量极低，但是对系统整体的连接数要求很高，从而需要在频域上配置比较窄的子载波物理带宽，而在时域上，TTI 可以足够长，几乎不需要考虑码间串扰/符号间干扰的问题，也不需要再引入保护间隔/循环前缀。

因此，为了满足在"5G时代"各类应用的不同需求，OFDM技术应该相应地演进至可以灵活地根据所承载的具体应用类型来配置所需子载波的物理带宽、符号周期长度、保护间隔/循环前缀长度等关键技术参数，这就需要采用全新设计的子带滤波技术，以在相同子帧上携带不同类型的数据，这就是5G所采用的F-OFDM的核心理念之一。5G的F-OFDM子载波规格如图1-59所示。

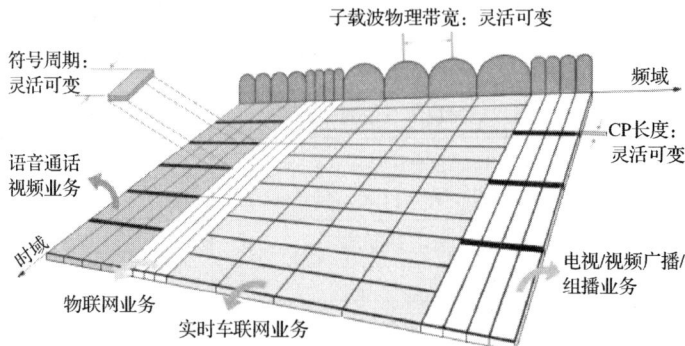

图1-59 5G的F-OFDM子载波规格

F-OFDM的另一个核心理念是进一步提升频谱利用率，如图1-60所示，F-OFDM技术通过优化滤波器、数字预失真、射频等通道处理，使基站在保证相邻频道泄漏比、阻塞等射频协议指标时，大幅降低了载波的保护带宽，达到了提升载波利用率的效果。从图1-60中可见，LTE的保护带占比为10%，即LTE的频谱利用率为90%；而5G的保护带占比可小于10%，即5G的频谱利用率大于90%，实际的频谱利用率和系统带宽及子载波的配置相关。

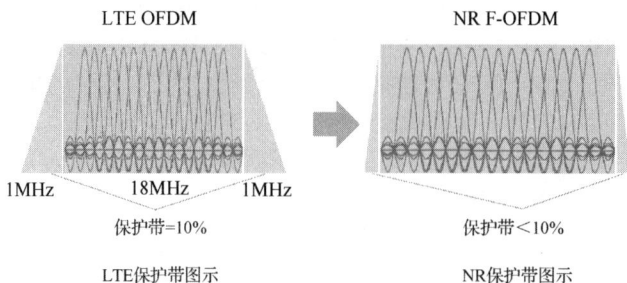

图1-60 LTE OFDM和NR F-OFDM的保护带对比

相对LTE 90%的频谱利用率，F-OFDM可将5G的频谱利用率提升至95%以上，可以容纳更多的RB资源。由表1-10可知，不同的SCS对应不同数量的RB。例如，当子载波带宽为30kHz的时候，100MHz系统带宽对应的RB数量为273个，每个RB有12个子载波，于是可以计算出实际可用载波资源为273×12×30kHz=98.28MHz，最终可以计算得到此时的载波利用率为98.28%。

表1-10 不同系统带宽和子载波带宽对应的RB数

系统带宽/MHz	SCS/kHz	RB数	系统带宽/MHz	SCS/kHz	RB数
5	15	25	40	15	216
	30	11		30	106
	60	N/A		60	51
10	15	52	50	15	270
	30	24		30	133
	60	11		60	65

续表

系统带宽/MHz	SCS/kHz	RB 数	系统带宽/MHz	SCS/kHz	RB 数
15	15	79	60	15	N/A
	30	38		30	162
	60	18		60	79
20	15	106	80	15	N/A
	30	51		30	217
	60	24		60	107
30	15	160	100	15	N/A
	30	78		30	273
	60	38		60	135

注：表中 N/A 表示不支持该配置。

（5）上行波形自适应

NR 支持基于循环前缀的正交频分复用（Cyclic Prefix-Orthogonal Frequency Division Multiplexing，CP-OFDM）和基于离散傅里叶变换扩频的正交频分复用（Discrete Fourier Transformation-Spread-Orthogonal Frequency Division Multiplexing，DFT-S-OFDM）。CP-OFDM、DFT-S-OFDM 的 RB 调度情况如图 1-61 所示。

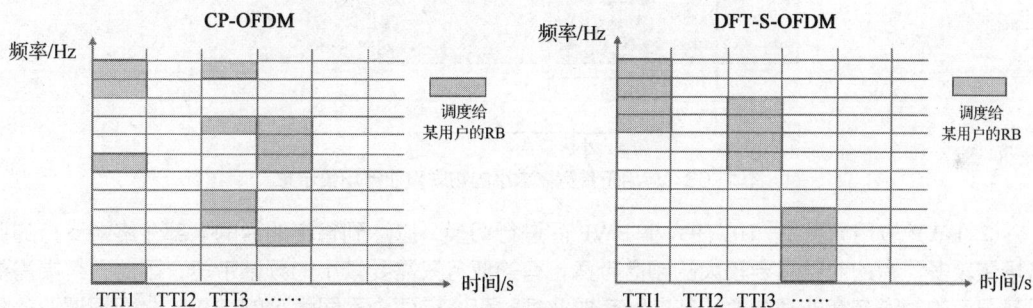

图 1-61　CP-OFDM、DFT-S-OFDM 的 RB 调度情况

CP-OFDM：基于循环前缀的 OFDM，其优点是可以使用不连续的频域资源，资源分配灵活，频率分集增益大；其缺点是峰均比（Peak to Average Power Ratio，PAPR）高，对功率放大要求较高。从图 1-61 中可见，CP-OFDM 使用的频谱资源可以是不连续的，可以根据具体的频谱资源灵活分配。

DFT-S-OFDM：基于 DFT 的 OFDM，其优点是 PAPR 低，其 PAPR 水平可以接近单载波，可以发射更高的功率；其缺点是对频域资源有约束，只能使用连续的频域资源。由图 1-61 可知，在某个 TTI 调度中，DFT-S-OFDM 必须连续使用若干个连续的频谱资源，例如，图 1-61 中每次都使用 4 个连续频谱的 RB。

NR 使用上行波形自适应技术，具体方法如下：网络侧根据 UE 所处的无线环境以及选择的阈值，指示 UE 选择合适的 CP-OFDM 或者 DFT-S-OFDM，而两者阈值之间的用户通过防乒乓切换机制选择不同的波形。上行波形自适应工作示意如图 1-62 所示。

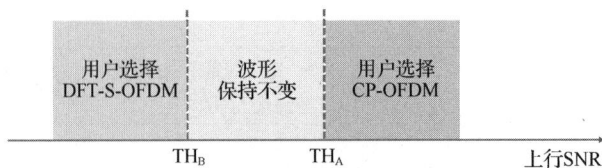

图 1-62　上行波形自适应工作示意

当上行信噪比（Signal Noise Ratio，SNR）大于阈值 TH_A 时，用户选择 CP-OFDM。当上行 SNR 小于阈值 TH_B 时，用户选择 DFT-S-OFDM。如果 SNR 在 TH_A 和 TH_B 之间，则保持当前对应的波形不变。一般情况下用户选择 CP-OFDM，在弱覆盖场景下，上行波形自适应切换至 DFT-S-OFDM，可提升处于小区边缘的单用户的吞吐率。

（6）部分带宽

部分带宽（Bandwidth Part，BWP）是 NR 中的新技术，指网络侧为 UE 分配一段连续的带宽资源，这段带宽资源处于小区频谱带宽中，但小于小区频谱带宽。BWP 是 5G UE 接入 NR 网络的必备配置。BWP 是 UE 级概念，不同 UE 可配置不同 BWP。UE 的所有信道资源均在 BWP 内进行分配和调度。BWP 的典型应用场景举例如下。

① BWP 应用场景 1：应用于小带宽能力 UE 接入大带宽网络。对于部分物联网业务场景，业务类型简单，消息传递所需的空口资源很少，此时终端只需要很小的频谱带宽能力，以降低终端的复杂度和成本。该业务场景示意如图 1-63 所示，只需要为 BWP 配置较小的固定带宽资源即可。

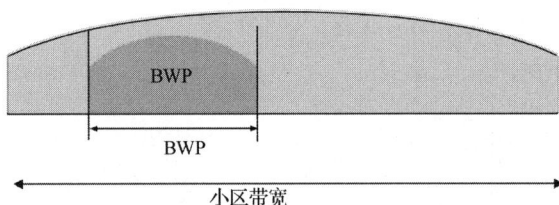

图 1-63　应用于带宽需求小的物联网业务场景示意

② BWP 应用场景 2：UE 在大小 BWP 间进行切换，以达到省电的目的。部分终端支持的业务场景较多，有的业务需要较大的频谱带宽，有的业务只需要较小的频谱带宽，因此，终端需要具备灵活的频谱带宽处理能力，在实际完成业务时可以在两个不同大小的 BWP 之间根据业务需要进行切换，以达到省电的目的。该业务场景示意如图 1-64 所示，为终端分配两个不同大小的 BWP（BWP1、BWP2）以应对不同的业务需求，由终端根据需求灵活切换。

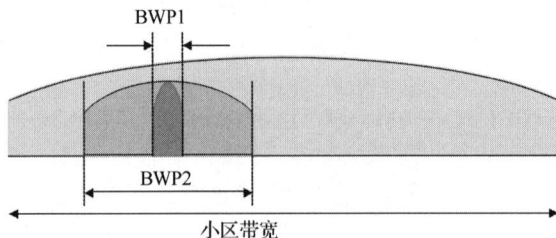

图 1-64　应用于两个不同带宽需求的业务场景示意

③ BWP 应用场景 3：不同 BWP 配置不同系统参数，承载不同业务。灵活支持各种类型的业务场景是 5G 的特点，而不同类型的业务场景对网络的能力需求不同，这要求网络侧对每个业务场景有不同的参数配置。通过不同的 BWP 配置不同的系统参数，可以使网络具备承载多类型业

务的能力。该业务场景示意如图 1-65 所示，BWP 1 分配给低时延需求的应用场景，BWP 2 分配给高速移动需求的应用场景。

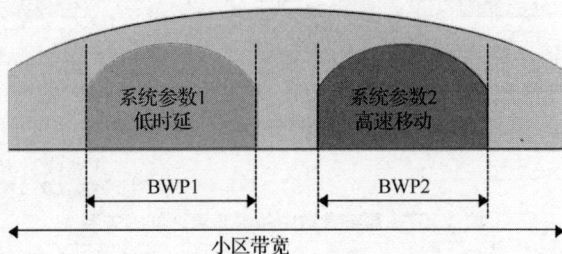

图 1-65　应用于不同业务的业务场景示意

（7）循环前缀

由于子载波之间严格正交，OFDM 信号在频域上可以提供保护（即避免干扰）。但在时域方面，NR 和 LTE 一样，需要克服时延扩展造成的多径干扰。

OFDM 使用循环前缀（Cyclic Prefix，CP）来克服时延扩展造成的多径干扰。如图 1-66 所示，1 个符号周期 $T(s)$ 包括 1 个 CP 周期 $T(g)$ 和 1 个位周期 $T(b)$。

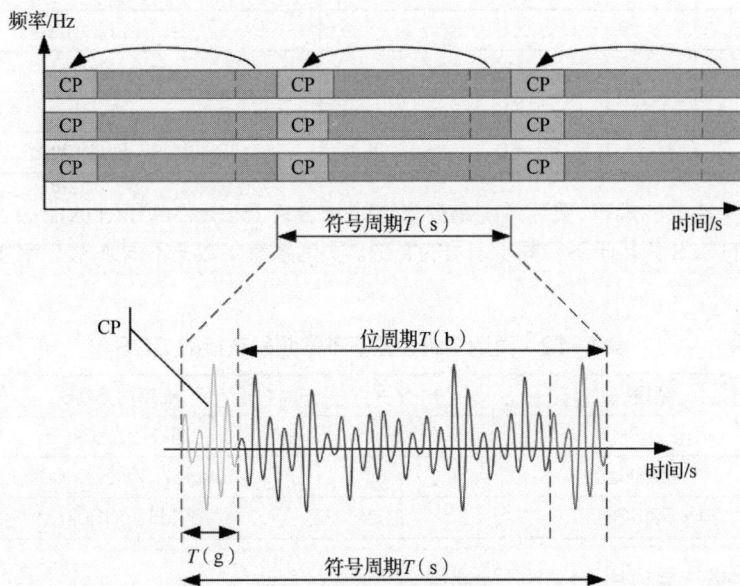

图 1-66　CP 工作示意

在每个符号前设置一个 CP，其内容和该符号同样时间长度的尾部内容相同，其时间长度和帧结构有关（取决于具体的子载波间隔配置）。接收端接收 CP 但不解调其内容。通过 CP，可以在符号和符号之间增加时间上的间隔，从而使时延扩展造成的符号间干扰被抵消。在 NR 时域资源图中，实际上每个符号前都设置了 CP。

（8）系统参数

系统参数（Numerology）是 NR 新提出的概念，是 5G 系统的基础参数集合，包含 SCS、CP 长度、TTI 长度及系统带宽。系统参数中各种资源之间的关系如图 1-67 所示。

5G NR 将采用多种不同的载波间隔类型，也就是说，5G 下的系统参数是可变的，即采取灵活系统参数策略。NR 的 SCS 以 15kHz 为基础、按照 2 的 μ 次方进行扩展（SCS=$2^\mu \times 15$kHz），得到一系列的 SCS，以适应不同业务需求和信道特征。

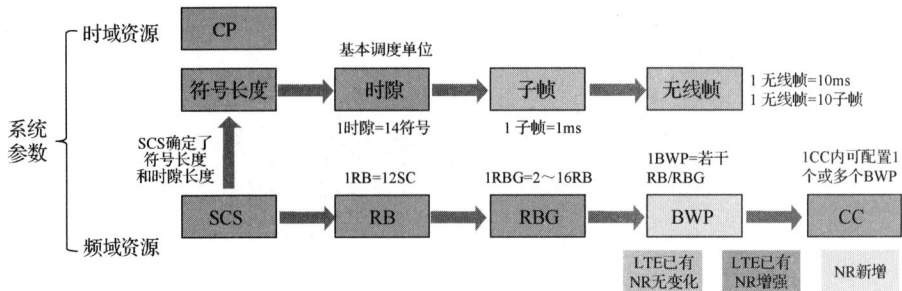

图 1-67　系统参数中各种资源之间的关系

5G NR 将采用 μ 这个参数来表述 SCS，如 $\mu=0$ 代表 SCS 为 15kHz。CP 为"Normal"表示普通 CP，为"Extended"表示扩展 CP。灵活系统参数下 μ 取值与 SCS、CP 的对应关系如表 1-11 所示。

表 1-11　灵活系统参数下 μ 取值与 SCS、CP 的对应关系

μ 取值	SCS/kHz	CP
0	15	Normal
1	30	Normal
2	60	Normal
3	120	Normal
4	240	Normal
2	60	Extended

根据 5G 相关协议的规定，灵活系统参数支持的 SCS 有 15kHz、30kHz、60kHz、120kHz、240kHz，其中，240kHz 的 SCS 只用于下行同步信号的发送。灵活系统参数下不同频段支持的 SCS 如表 1-12 所示。

表 1-12　灵活系统参数下不同频段支持的 SCS

频段	支持的 SCS
小于 1GHz	15kHz，30kHz
1～6GHz	15kHz，30kHz，60kHz
24～52.6GHz	60kHz，120kHz

灵活系统参数主要应用于以下 3 种场景。

① 时延场景：不同时延需求业务，可以采用不同的 SCS。SCS 越大，对应的时隙时间长度越短，可以缩短系统的调度时延。

② 移动场景：不同的移动速度产生的多普勒频偏不同，越高的移动速度产生越大的多普勒频偏。在 OFDM 系统中，频偏会破坏子载波之间的正交性，带来载波间干扰。通过增大 SCS，可以提升系统对频偏的健壮性。

③ 覆盖场景：SCS 越小，对应的 CP 长度越大，支持的小区覆盖半径也就越大。另外，SCS 越小，功率谱密度越高，适用于深度覆盖。

（9）时域资源

NR 支持的业务种类不同，NR 调度以 1 个时隙为单位进行调度处理，且时隙长度不确定，取决于 SCS 的配置。

如图 1-68 所示，NR 每个无线帧的长度为 10ms，每个子帧的长度为 1ms。

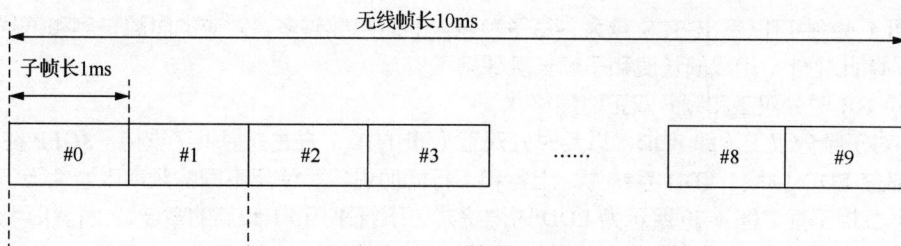

图 1-68　NR 帧结构示意

5G NR 定义了灵活的帧结构,时隙和符号长度可根据 SCS 进行灵活定义,NR 帧结构如表 1-13 所示。当 μ 取值不同时, 对应的每个子帧包含的时隙数不相同, 同样呈现 2 的 μ 次方增长规律。每个时隙对应的符号数在普通循环前缀情况下为 14, 在扩展循环前缀情况下为 12。当前协议版本仅在 μ 取值为 2 时, 才支持扩展循环前缀。

表 1-13　NR 帧结构

μ 取值	SCS/kHz	每帧时隙数	每子帧时隙数	每时隙符号数
0	15	10	1	14
1	30	20	2	14
2	60	40	4	14
3	120	80	8	14
4	240	160	16	14
2	60	40	4	12

以 SCS=30kHz 和 SCS=120kHz 为例, 其 SCS 帧结构框架如图 1-69 所示。

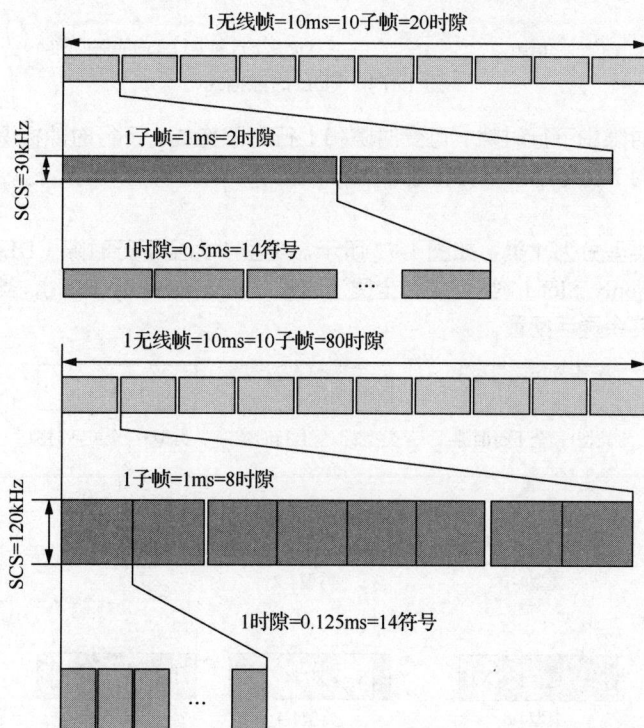

图 1-69　不同 SCS 帧结构框架

从图 1-69 中可以看出 SCS 越大，每子帧包含的时隙数越多，对应的时隙长度和符号长度也就越小。除此之外，无线帧长度和子帧长度保持不变。

（10）NR 时分双工和频分双工时隙格式

NR 对于频分双工（即 FDD）以及时分双工（即 TDD）方式都提供了支持。3GPP 在 FR1 中定义了部分 FDD 频段。FDD 系统中，上行和下行同时进行，使用不同的频率以避免上行信号和下行信号互相干扰。图 1-70 所示为 FDD 时隙格式，下行采用 F1 频点的载波，上行采用 F2 频点的载波，图中 D 表示下行时隙，U 表示上行时隙。

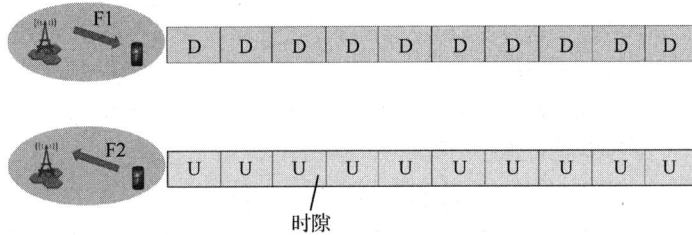

图 1-70　FDD 时隙格式

NR 支持 TDD 方式，3GPP 在 FR1 中定义了部分 TDD 频段，FR2 频段目前全部采用 TDD 方式。TDD 系统上行和下行交替进行，使用相同的频率，TDD 时隙格式如图 1-71 所示。

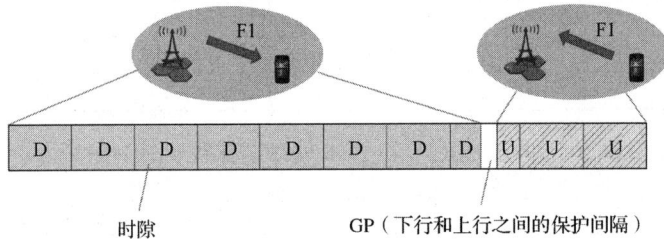

图 1-71　TDD 时隙格式

NR TDD 基本时隙由下行时隙、可变时隙和上行时隙构成。下行时隙标识为 D，用于下行传输；可变时隙标识为 X，可用于下行传输、上行传输、GP 或作为预留资源；上行时隙标识为 U，用于上行传输。

NR TDD 时隙类型分为 4 类，如图 1-72 所示。类型 1 为全下行时隙（DL-only Slot），类型 2 为全上行时隙（UL-only Slot），类型 3 为全灵活时隙（Flexible-only Slot），类型 4 为至少有一个上行或下行符号，其余灵活配置。

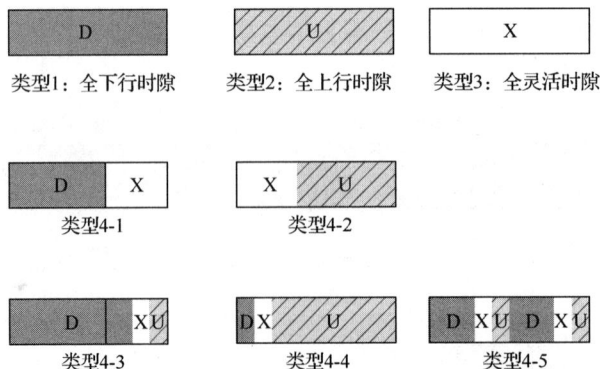

图 1-72　NR TDD 时隙类型

在 NR 中，还存在一种特殊的时隙，名称为自包含时隙（Self-Contain Slot），其特点为同一时隙内包含 DL、UL 和 GP 中的多个数据，可细分为下行自包含时隙和上行自包含时隙。其中，下行自包含时隙包含 DL 数据和相应的 HARQ 反馈信息，上行自包含时隙包含对 UL 的调度信息和 UL 数据。自包含时隙设计的目标为实现更快的下行 HARQ 反馈和上行数据调度，降低时延，跟踪信道快速变化，提升 MIMO 性能。

上下时隙分配比例主要由上下行业务及覆盖决定，建议全网配比一致或根据运营商的业务策略、建网要求等因素确定。典型的时隙分配比例有 4：1、8：2、7：3 这 3 种，如图 1-73 所示。

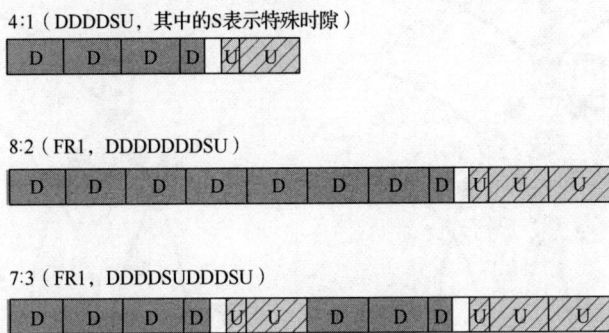

4:1（DDDDSU，其中的S表示特殊时隙）

| D | D | D | D | U | U |

8:2（FR1，DDDDDDDSU）

| D | D | D | D | D | D | D | D | U | U |

7:3（FR1，DDDDSUDDDSU）

| D | D | D | D | U | U | D | D | D | U | U | U |

图 1-73　典型的时隙分配比例

2. 提高速率技术

5G 的速率之所以能比 4G 的提高很多，与它采用大规模多天线阵列（Massive MIMO）、高阶调制 256QAM、F-OFDM、Polar 编码以及低密度奇偶校验（Low Density Parity Check，LDPC）编码等大量的新技术密不可分。正因为如此，5G 才能实现随时随地观看 4K 高清视频或者 Cloud VR 等对实时性要求较高的业务。下面分别对这些提高速率的技术进行详细介绍。

（1）Massive MIMO

提高速率的第一种关键技术就是 Massive MIMO。它并非 5G 的全新技术，最早于 4G 网络中就有应用，而 5G 网络中的 Massvie MIMO 对 "4G 时代" 的 Massive MIMO 做了继承和改进，目前已经成为 5G 的必选关键技术。

Massive MIMO 收发示意如图 1-74 所示，通常至少要求有 16 根收发天线。截至成稿日，华为做到了业界领先的 64 根收发天线，实现了 64T64R，即拥有 64 路发射和 64 路接收能力的 MIMO 天线。通过更多数量的天线，可以实现更灵活、精确的三维立体窄波束赋形，使得更多用户复用无线时频资源，从而达到提升覆盖能力和增大系统容量，并降低系统干扰的目的。这就类似于家用无线路由器的改进，通过增加无线路由器的天线数来使其获得更优质的信号和更高的速率。

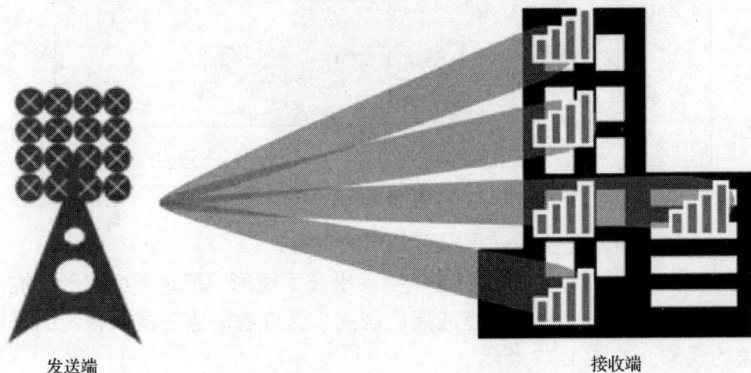

发送端　　　　接收端

图 1-74　Massive MIMO 收发示意

Massive MIMO 是如何实现窄波束赋形的呢？图 1-75 所示为窄波束赋形工作原理示意，Massive MIMO 利用波的相干原理，将多个天线的波峰与波峰叠加，使信号增强，将波峰与波谷叠加，使信号减弱。基站通过终端发送的上行信号估算出下行的矢量权重或者直接通过终端上报的方式获得矢量权重，最终使用这个矢量权值对下行待发送信号进行加权处理，从而形成定向波束。

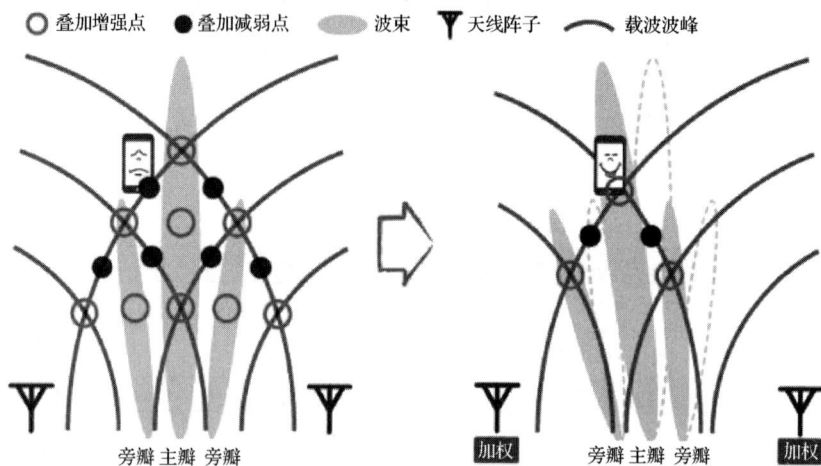

图 1-75　窄波束赋形工作原理示意

图 1-76 所示为窄波束赋形效果示意，和传统的天线相比，Massive MIMO 通过大量增加阵子数量，使得最终发送出去的波束比传统天线更窄，能量更集中，从而达到提升覆盖范围的效果。除此之外，随着基站获得的矢量加权的变化，波束方向也会随之发生改变，最终实现波束跟踪，即随着终端移动而改变波束的指向。

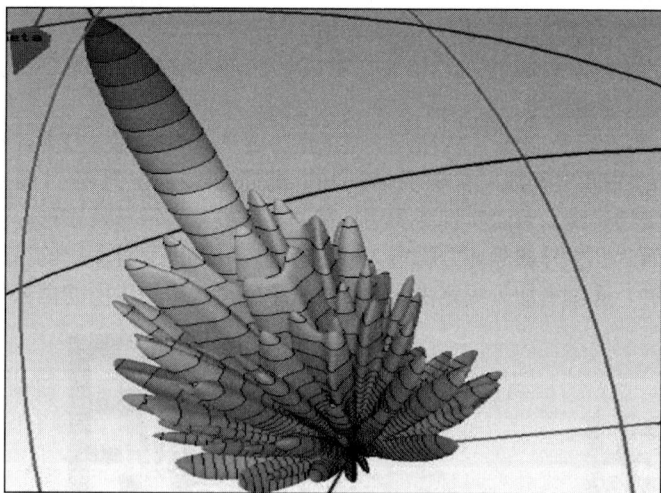

图 1-76　窄波束赋形效果示意

使用 Massive MIMO 技术主要能获得以下几方面增益。

① 提升覆盖范围。传统 8T8R 天线只能做到水平波束赋形，基站天线赋形后的信号只能在水平面扫描，不能在垂直面扫描，所以会造成高层居民小区或者酒店等建筑物内信号覆盖不理想，甚至出现无覆盖的现象，如图 1-77 所示。

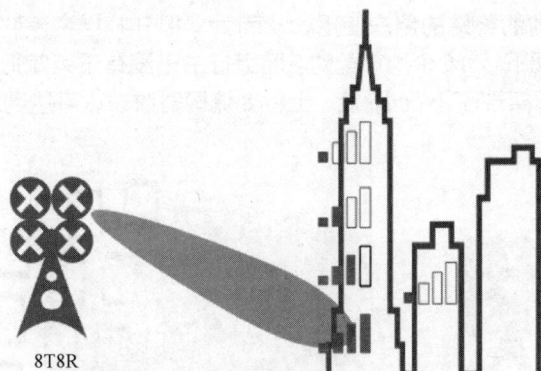

图 1-77　传统 8T8R 天线覆盖效果示意

　　而 Massive MIMO 除了能够实现水平信号扫描外，还能实现垂直信号扫描，实现立体信号覆盖，如图 1-78 所示。这样就大大改善了高层建筑的信号覆盖效果，从而使高层用户的上网速率得到了有效提升，所以 Massive MIMO 又被称为 3D MIMO。

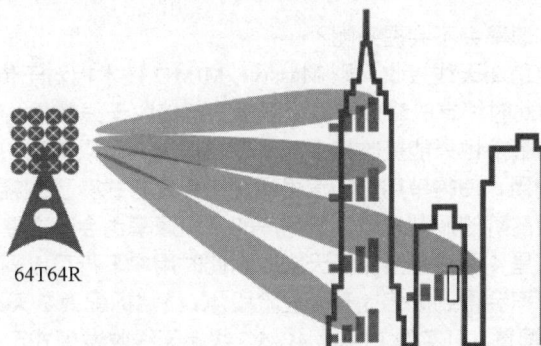

图 1-78　64T64R 天线覆盖效果示意

　　② 增大容量。在 4G TDD 系统中，室外宏基站（简称宏站）通常采用 8T8R 天线，下行通常同时发送 2 个数据流，如图 1-79 所示。终端下行最多只能同时接收 2 个不同的数据流，导致终端峰值速率受限，小区容量大打折扣。

图 1-79　8T8R 天线多流发送效果示意

　　而 64T64R 的 Massive MIMO 由于波束更窄，通过空分复用，下行可以同时发送 16 个数据流，如图 1-80 所示。这就意味着，同一时间内，基站可以把相同的时频资源分配给 16 个不同的用户使用，从而大幅增加了小区的整体容量。同时，更窄的波束能降低小区内用户间的干扰。因此，其特别适用于高校、城区 CBD 等高话务量场景。

　　实现下行多流数据发送的前提是不同终端需要提前完成配对。而目前只有位于天线的不同方位，且接收信号质量相近的终端，才有可能完成配对。对于完成配对的终端，基站会调度相同的时频资源给这些配对的终端的用户使用，从而大幅提升频谱资源利用率。现阶段华为 5G 基站理论上最多可以实现下行 16 个用户配对；而上行由于没有波束赋形作用，理论上最多可以实现 8 个用户配对。由于实现了下行 16 流、上行 8 流同时收发，可达到增大小区上下行容量的效果。

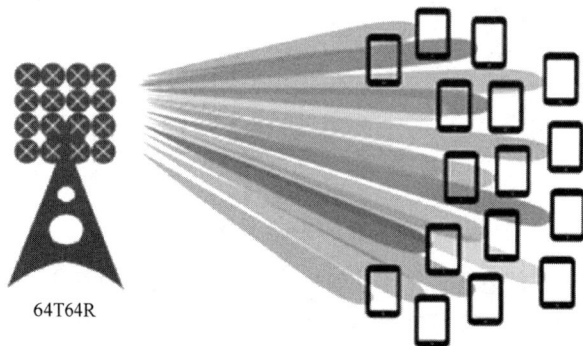

图 1-80　64T64R 天线多流发送效果示意

那么对单用户来讲，速率会不会提升呢？

如果用户终端的天线是 2 天线接收，则 Massive MIMO 技术相对于传统 8T8R 是不能提升单用户的峰值速率的。因为此时终端的峰值速率受限于下行接收天线数量，哪怕基站侧同时发送 16 个数据流，终端同一时刻最多也只能接收其中的 2 个数据流，所以单用户峰值速率不会增加。但 Massive MIMO 技术的使用，使得单用户的信号质量比传统方式有了大幅提升，进而用户可以采用更高效的编码方案和更高阶的调制方式，单用户的平均速率也会随之提升。

如果用户终端的天线是 4 天线甚至更多天线，则此时用户下行可以同时接收 4 个甚至更多的数据流，单用户的峰值速率会得到成倍提升。现阶段 4G 终端标配为 2 天线配置，可实现 1T2R，而 5G 终端标配为 4 天线配置，可实现 2T4R。4G/5G 终端天线收发模式示意如图 1-81 所示。如此一来，结合 Massive MIMO 的下行多流特征，5G 手机下行的峰值速率至少是 4G 手机的两倍。

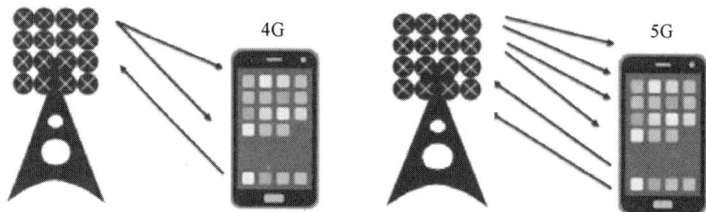

图 1-81　4G/5G 终端天线收发模式示意

③ 降低干扰。Massive MIMO 的上行具有接收分集增益，且天线数越多，接收分集干扰抑制能力越强。另外，接收分集可以有效抑制深度衰落，提升接收解调性能。

图 1-82 所示为 4G/5G 终端波束跟踪示意，通过大规模使用接收分集和 3D 波束赋形技术，UE 在移动过程中，gNB 根据下行最佳波束的变化，可以同时调整上行的接收波束，实现用户波束跟踪，有效解决高干扰场景接收难及小区间干扰控制难的问题。

（2）高阶调制 256QAM

256QAM 并非 5G 全新技术，最早于 3GPP R12 中就提出了下行 256QAM 的调制方案，其作为对 QPSK、16QAM 和 64QAM 的补充，用于提升无线条件较好时 UE 的比特率。早期由于终端能力受限，该技术使用不广，在 5G 网络中，256QAM 成为标配关键技术。

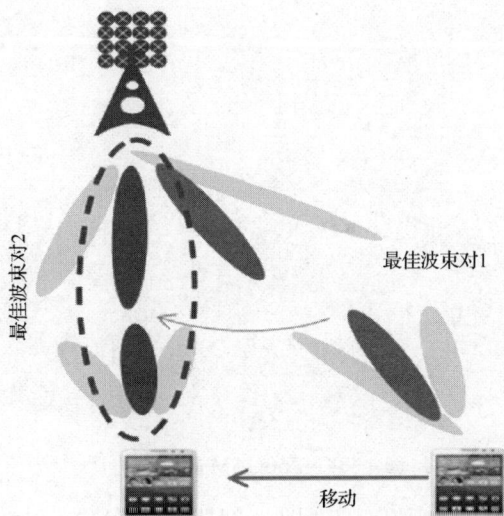

图 1-82　4G/5G 终端波束跟踪示意

256QAM 是一种高阶的幅度和相位联合调制的技术，相比早期的 16QAM、64QAM 等调制方式，256QAM 在星座图上共有 256 个符号点，因此取名 256QAM。

与 64QAM 相比，256QAM 的星座图中有 256 个符号点，两种调制方式的星座图对比如图 1-83 所示。其中，256QAM 的每个符号能够承载 8bit 信息，也就是说，单个符号周期内，最多能够传递 8bit 信息，其理论峰值频谱效率比 64QAM 的提升了 33%，支持更大的传输块进行传输，实际增益大小根据无线信道环境、发射/接收误差向量幅度（Error Vector Magnitude，EVM）、终端解调能力等因素共同决定。

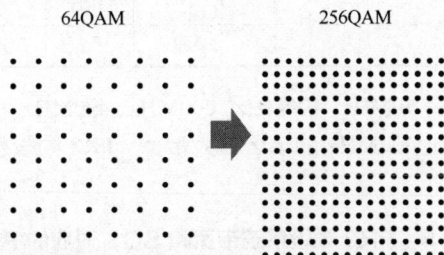

图 1-83　64QAM 与 256QAM 的星座图对比

gNB 在调度过程中根据用户的上行和下行信道质量情况，为终端选择合适的上行和下行调制方式。当终端距离基站很近时，信号质量非常好，在保证一定的解调误码率前提下，可以采用 256QAM。256QAM 应用场景如图 1-84 所示。256QAM 主要有以下两大增益。

① LTE 上行最高采用 64QAM，下行最高采用 256QAM。而 5G 上行和下行最高都采用 256QAM。相较而言，5G 具有更高的频谱效率。

② 5G 采用自适应调制技术，在不同的信号质量环境下，系统会进行自适应的调制阶数调整，若信号质量好，则选择高阶调制（如 256QAM）；若信号质量差，则选择低阶调制（如 QPSK）。自适应调制可提升近点用户的下行频谱效率，从而提升用户下行峰值吞吐率，也提升小区整体的下行峰值吞吐率。

（3）大带宽

大带宽是 5G 的典型特征。NR 取消了 5MHz 以下的 LTE 小区系统带宽，20MHz 以下带宽定义可满足既有频谱演进需求。

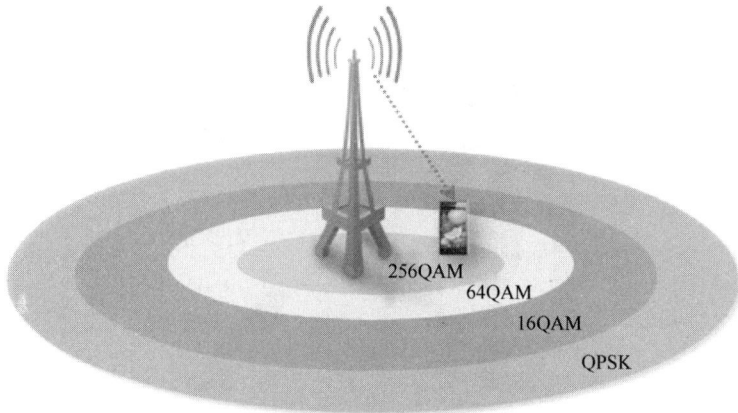

图 1-84　256QAM 应用场景

FR1 频段支持的系统带宽有 5MHz、10MHz、15MHz、20MHz、30MHz、40MHz、50MHz、60MHz、80MHz、100MHz 等。由于协议对于最大 RB 数的约束，FR1 频段必须在 30kHz 及以上的 SCS 配置下才能实现 100MHz 的小区最大带宽。FR1 频段系统带宽和 SCS 对应的 RB 数如表 1-14 所示。

表 1-14　FR1 频段系统带宽和 SCS 对应的 RB 数

系统带宽　SCS	5 MHz	10 MHz	15 MHz	20 MHz	30 MHz	40 MHz	50 MHz	60 MHz	80 MHz	100 MHz
15kHz	25	52	79	106	160	216	270	N/A	N/A	N/A
30kHz	11	24	38	51	78	106	133	162	217	273
60kHz	N/A	11	18	24	38	51	65	79	107	135

FR2 频段支持的系统带宽有 50MHz、100MHz、200MHz、400MHz 等。FR2 频段必须要在 120kHz 及以上的 SCS 配置下才能实现 400MHz 的小区最大带宽。FR2 频段系统带宽和 SCS 数值对应的 RB 数如表 1-15 所示。

表 1-15　FR2 频段系统带宽和 SCS 对应的 RB 数

系统带宽　SCS	50MHz	100MHz	200MHz	400MHz
60kHz	25	52	79	106
120kHz	11	24	38	51

（4）载波聚合

为了提供更高的业务速率，3GPP R15 提出了 NR 用户支持最大 1GHz 带宽的要求。但是运营商没有完整的 1GHz 频谱资源，同时 1GHz 超出了协议定义的单载波带宽，因此 3GPP 引入了载波聚合（即 CA）功能。CA 的基本原理示意如图 1-85 所示，将多个连续或非连续的分量载波（Component Carrier，CC）聚合成更大的带宽，提供给单用户服务，以满足 3GPP 的要求，提升用户的上下行峰值速率。

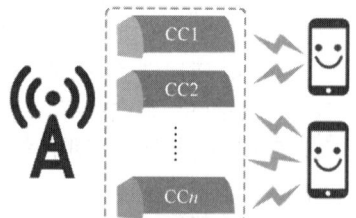

图 1-85　CA 的基本原理示意

NR CA 可分为频段内 CA 和频段间 CA 两种类型，其特征如图 1-86 所示。频段内 CA 可细分为频段内连续 CA 和频段内非连续 CA 两种。频段内连续 CA 是指参与 CA 的分量载波在同一个频段内的频域上连续分布。频段内非连续 CA 是指参与 CA 的分量载波在同一个频段内的频域上非连续分布。频段间 CA 是指参与 CA 的分量载波在不同频段的频域上分布。

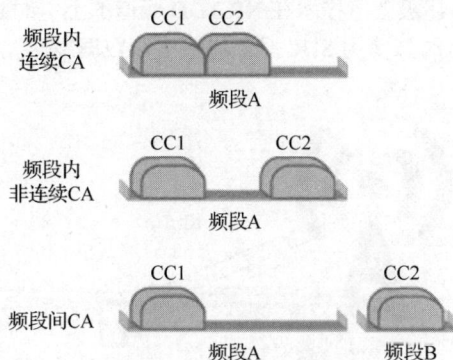

图 1-86　CA 不同类型的特征

NR CA 的具体应用场景是非常灵活的。在站内应用场景下，可根据具体需求采用共站同覆盖、共站不同覆盖和共站补盲等 3 种模式，如图 1-87 所示。对于共站同覆盖的模式，分量载波属于同一个基站，且覆盖范围基本相同。对于共站不同覆盖的模式，分量载波属于同一个基站，覆盖范围有很大差异，但存在重叠覆盖区域。对于共站补盲的模式，分量载波属于同一个基站，覆盖范围不同（F2 覆盖区域存在覆盖盲区，F1 主要作为补盲覆盖），但存在覆盖重叠区域。

图 1-87　站内应用场景的 3 种不同 CA 模式

对于站间应用场景，可以采用两种不同的 CA 方式。一种是分量载波属于不同基站，但 F2 覆盖区域包含 F1 覆盖区域。另一种是分量载波属于不同基站，但 F1 和 F2 覆盖区域不为包含关系，只在部分边界重叠。这两种方式如图 1-88 所示。

图 1-88　站间应用场景的两种不同 CA 方式

（5）编码技术

5G 网络 eMBB 场景采用的 Polar 编码和 LDPC 编码方案能在一定程度上提升用户数据编码效率，进而提升用户业务速率。LDPC 编码的实现复杂度低，并行处理有优势，适用于高速率及大数据块传输场景。Polar 编码在小数据块传输时的性能优于其他编码，成熟度偏低。协议规定，NR 控制信道采用 Polar 编码，而业务信道采用 LDPC 编码。

（6）超级上行

当前 5G 主要采用 TDD 组网，即上行和下行时分复用一段频谱资源，因此实际用于上行的时频资源有限，导致用户上行体验不佳。超级上行技术工作原理如图 1-89 所示。超级上行技术将上行数据分时在补充上行（Supplementary Uplink，SUL）频谱和 NR TDD 频谱上发送，极大地增加了用户的上行可用时频资源。超级上行技术在 NR TDD 频谱的上行时隙使用 NR TDD 频谱进行上行数据发送，在 NR TDD 下行时隙使用 SUL 频谱进行上行数据发送，从而使上行数据可以在全时隙发送。

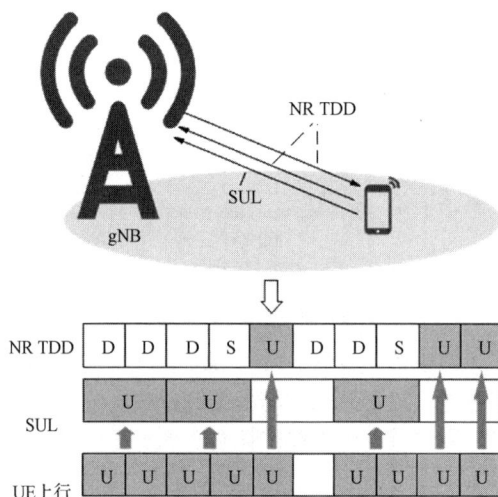

图 1-89　超级上行技术工作原理

NR TDD 载波支持同时打开 CA 的部分功能和超级上行功能，前提是终端同时支持超级上行和 CA 的能力。频段内连续 CA 支持 NR TDD 载波的频段内连续 CA 功能和超级上行功能同时打开的场景。FR 内频段间 CA 支持 NR TDD 载波打开超级上行功能时同时和 NR FDD 载波进行下行 CA。

3. 降低时延技术

时延是一个端到端的概念，包括无线空口调度和传输时延、地面端口传输时延、设备处理时延等。下面将重点介绍无线空口侧降低时延的关键技术。

（1）时隙调度

相比 4G 网络的空口调度方式，5G 网络空口采用全新的时隙调度。调度指的是基站遵从帧结构配置，在帧结构允许的时域单位上，以某个调度基本单元，为终端分配物理下行共享信道或物理上行共享信道上的资源（时域、频域、空域资源），用于系统消息或用户数据传输。而时隙调度的基本时域单位就是单个时隙，这意味着 gNB 每隔一个时隙都可以为终端分配相关资源。

4G 系统中，基站的调度周期为每个子帧，也就是 TTI 为 1ms，调度的基本资源单位为物理资源块（Physical Resource Block，PRB），即频域上 12 个子载波，时域上 2 个时隙。

5G 系统中，基站的调度周期为每个时隙。因为 5G 的子载波带宽是可变的（大小等于 15kHz× 2^μ，μ 参数的取值为 0~4），所以每个子帧包含的时隙数等于 2^μ 个时隙，如表 1-16 所示。当 μ =2 时，每个子帧包含 4 个时隙，每个时隙时长 0.25ms，即 TTI 为 0.25ms，同时调度的基本单位变成了 PRB，即频域上 12 个子载波，时域上单个时隙。故相比 4G 系统，5G 系统的调度时间更短。

表 1-16　不同子载波带宽对应的时隙数

子载波配置（μ）	子载波宽度	循环前缀	每时隙符号数	每帧时隙数	每子帧时隙数
0	15	Normal	14	10	1
1	30	Normal	14	20	2
2	60	Normal	14	40	4
3	120	Normal	14	80	8
4	240	Normal	14	160	16
2	60	Extended	12	40	4

除此之外，在今后的 URLLC 时延场景下，5G 可能还会采用基于符号的调度，也就是基于微型时隙（mini-slot）的调度方式。单个 mini-slot 包含 2 个、4 个或 7 个符号，届时，5G 的调度周期会更短，空口时延会更低。

相比 4G 系统采用的基于子帧的调度方式，5G 系统采用的是基于时隙的调度方式，当 $\mu \geqslant 1$ 时，单个时隙的时长小于等于 0.5ms，此时，5G 的空口调度时延始终小于 4G 的调度时延，从而更好地支撑今后的低时延业务。

（2）免调度

为了支持 5G 的 URLLC 超低时延场景，3GPP 标准制定者们提出了免调度的概念，并将于 R16 中冻结。

4G 系统中，UE 要发送数据给网络，需要先向基站发起调度申请，基站再为 UE 发送调度授权，最后 UE 才能把数据放到相应的资源块中发送给网络，这个过程存在环回时间（Round Trip Time，RTT）。在这个过程中，RTT 是指先经过申请获得授权，再发送数据而造成的时延。

5G 系统中，针对 URLLC 低时延场景，定义了免调度技术，如果 UE 有数据要发送给基站，则可以不用向网络申请而直接发送，因而免除了 RTT 造成的时延，如图 1-90 所示。相比正常的调度流程，免调度省掉了调度申请和调度授权过程，没有 RTT 造成的时延，所以时延更短，能够满足今后 URLLC 低时延场景业务需求。

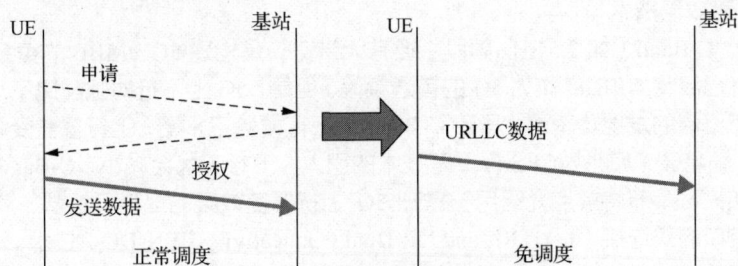

图 1-90　正常调度与免调度方式对比

在 URLLC 场景下，gNB 侧可以开启免调度特性，配置相关免调度资源，并通过下行控制信息（Downlink Control Information，DCI）激活/去激活终端的免调度资源；当终端获得免调度资源后，如果终端有 URLLC 数据需要发送，则可以在免调度资源上直接发送 PUSCH 数据，而无须向 gNB 发送调度请求。

（3）设备到设备通信

设备到设备（Device to Device，D2D）通信指的是一种两个终端之间直接通信的技术。典型的 D2D 通信应用有蓝牙、对讲机、Wi-Fi Direct 等。D2D 通信的理想目标是在终端之间直接建立通路，没有任何媒介参与，该技术在 R16 中被定义。

5G 网络中的 D2D 通信是在蜂窝网络辅助下使用运营商的频谱实现终端与终端之间数据面直接传输。相比蓝牙和 Wi-Fi Direct，D2D 通信覆盖距离较远，最远距离可达 1km 以上，是运营商进行社交或者近距离通信的一种技术。

相比蓝牙和 Wi-Fi Direct 采用的非授权频谱通信，D2D 的两个终端采用运营商的授权频谱进行通信，如图 1-91 所示，右边椭圆中的两个 D2D 终端可以使用当前小区的剩余频谱资源或者复用当前小区的上下行频谱资源进行通信。在通信过程中，为了降低 D2D 对蜂窝用户造成的干扰，基站需要对 D2D 终端进行适当的功率控制。

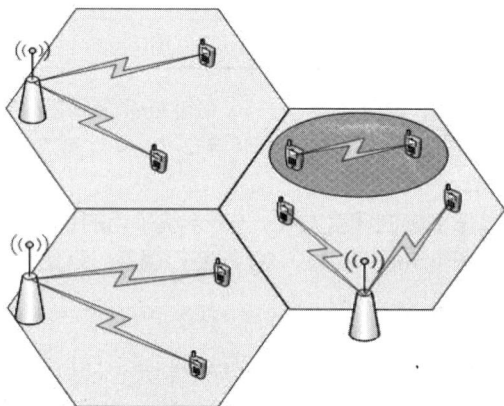

图 1-91　D2D 通信

相比正常的蜂窝网络通信，D2D 通信具备以下几个优点。

① 降低了基站和回传网络压力，降低了网络时延。

② 降低了终端发射功率，提升了待机时长。

③ 提升了频谱效率，解决了无线频谱资源匮乏的问题。

④ 方便获取位置信息，可提供位置信息用于社交。

⑤ 本地数据可应用于紧急通信、公共安全、物联网等行业。

4. 提升覆盖效果技术

5G 系统中，C-Band（如 3.5GHz 频段）拥有大带宽，是构建 5G eMBB 的黄金频段。目前，全球多数运营商已经将 C-Band 作为 5G 的首选频段。但是，5G 上下行时隙配比不均以及 5G 基站发射功率远大于终端的发射功率等，导致 C-Band 上下行覆盖不平衡，上行覆盖受限成为 5G 网络的瓶颈。同时，随着波束赋形、CRS Free 等技术的引入，下行干扰会减小，C-Band 的上下行覆盖差距将进一步加大。本节将重点介绍用于提升 5G 上行覆盖效果的上下行解耦、演进的通用陆地无线接入及新空口的双连接（E-UTRA and NR Dual Connectivity，EN-DC）技术。

（1）上下行解耦

为了解决 5G 上行覆盖瓶颈问题，华为提出了上下行解耦技术，并在 3GPP R15 中冻结。

上下行解耦定义了新的频谱配对方式。如图 1-92 所示，当终端位于小区近点区域，上行覆盖良好时，使上下行数据都在 C-Band 上传输，以保证最大小区容量；当终端位于小区远点区域，上行覆盖受限时，使下行数据在 C-Band 上传输，上行数据在 Sub 3G（3GHz 以内频段，如 1.8GHz）上传输，从而提升上行覆盖效果。

上下行解耦技术是基于用户上报的 C-Band 下行参考信号接收功率（Reference Signal Receiving Power，RSRP）电平值指示用户在合适的上行载波发起初始接入的。由于在小区远点区域，5G 终端切换到 Sub 3G 频段发送上行数据，从而增大了上行覆盖的范围，可以有效提高小区边缘用户的业务体验。

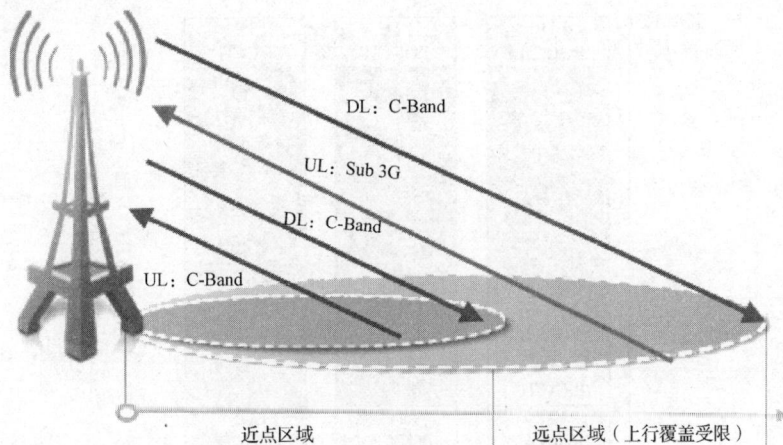

DL：C-Band

UL：Sub 3G

DL：C-Band

UL：C-Band

近点区域

远点区域（上行覆盖受限）

图 1-92　近点/远点区域上下行解耦方式示意

上下行解耦技术和超级上行技术可以相互配合使用，从而达到更好的效果。如图 1-93 所示，当超级上行功能和上下行解耦功能同时打开时，终端在中近点区域使用超级上行功能，在远点区域使用上下行解耦功能。

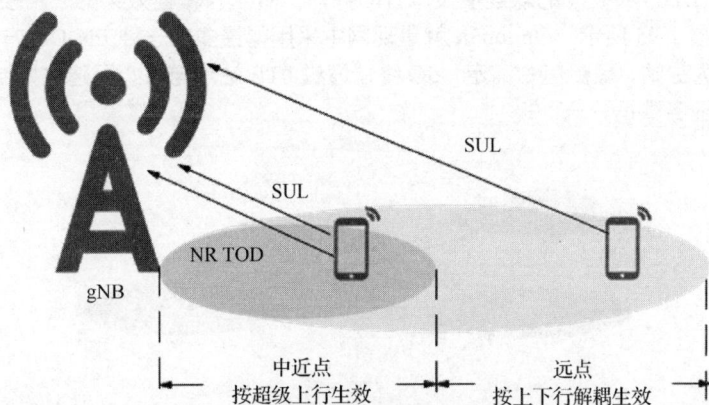

SUL

SUL

NR TOD

gNB

中近点
按超级上行生效

远点
按上下行解耦生效

图 1-93　上下行解耦功能和超级上行功能配合使用

（2）云空口

云空口（Cloud Air）技术旨在实现 LTE 和 NR 频谱共享，将空口资源多维融合、深度共享、彻底云化，帮助运营商全频谱向 LTE/5G 平滑演进。云空口给运营商网络带来三大价值：多制式共享，使能全制式广覆盖基础网在小带宽场景部署；多频段多制式联合调度，网络效率更高；LTE 和 5G 新空口在相同频谱动态共享部署，加速 5G 全频段部署。

云空口技术的实现原理如图 1-94 所示，LTE 和 NR 共享上行频谱资源。LTE 和 NR 的上行物理控制信道以 FDM 的形式共享上行频谱资源。

对于每一个 TTI 调度周期，首先将频谱资源用于 LTE 上行信道，NR 不占用 LTE 的控制信道，对 LTE 的调度无影响，NR 的数据在 LTE 调度完之后剩余的频谱资源中发送。根据剩余频谱资源的不同情况，在不同的 TTI 调度周期，LTE 共享给 NR 的频谱资源是灵活的。例如，在图 1-94 中，在 TTI1 调度周期，由于 LTE 剩余频谱资源较多，能够共享给 NR PUSCH 的频谱资源多一些；而在 TTI2

调度周期，能够共享给 NR PUSCH 的频谱资源相对少一些。对于 20MHz 小区带宽，LTE 最多可以共享给 NR 的资源达到 90%；对于 10MHz 小区带宽，LTE 最多可以共享给 NR 的资源达到 80%。

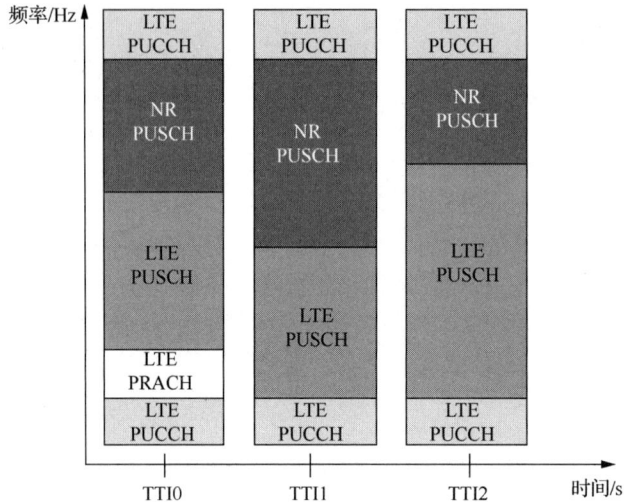

图 1-94　云空口技术的实现原理

（3）EN-DC

EN-DC 是 LTE 和 NR 之间的双连接技术，作为提升 5G 上行覆盖效果的一种技术，在 3GPP R15 中已经冻结。如图 1-95 所示，Option3x 就是现网中采用得最多的一种 EN-DC 方案。在该组网方案中，LTE 站点为主站，负责信令锚定，5G 终端通过 LTE 站点与核心网建立控制面通信；NR 站点为辅站，负责业务数据分流。

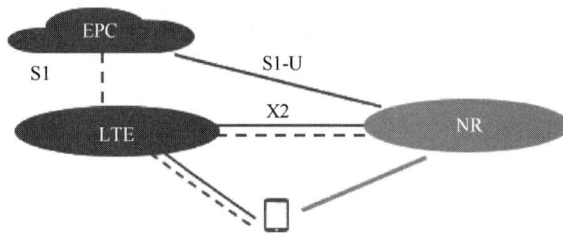

图 1-95　Option3x 方案

在 EN-DC 场景下，终端首先在 LTE 侧完成附着，随后通过辅站配置功能实现终端接入 NR。如图 1-96 所示，完成辅站配置以后，终端可以同时接入 LTE 和 NR 小区，实现同时在两个系统上进行上下行数据传输，大大提高了数据传输速率，从而提高了用户的业务体验。

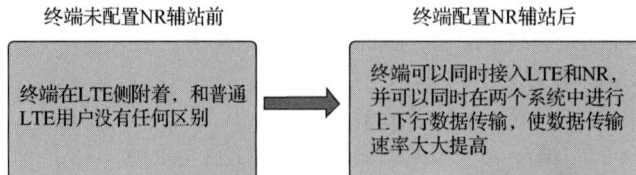

图 1-96　EN-DC 场景下终端配置 NR 辅站前后区别

在 EN-DC 场景下，终端在移动过程中可能会产生各种移动性管理流程，如图 1-97 所示，包括辅站添加（SgNB Addition）、辅站变更（SgNB Change）、主站切换（MeNB HO）、辅站释放（SgNB

Release）、初始接入（Initial Access）、RRC 释放连接（RRC Disconnect）等流程，其中 SgNB Release 流程可以体现出 EN-DC 的覆盖增强效果。

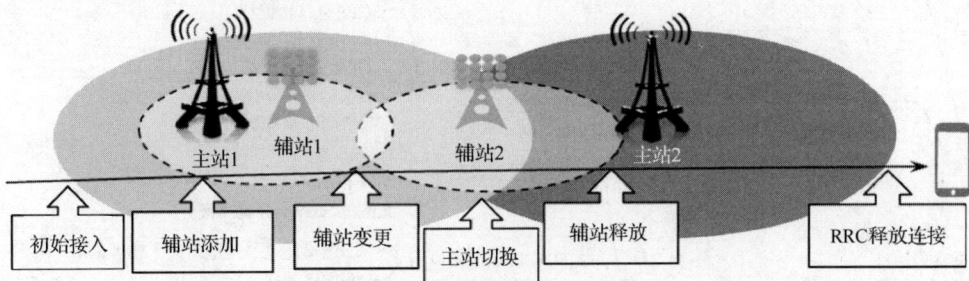

图 1-97　EN-DC 移动性管理

在 Option3x 组网场景下，当终端位于 5G 覆盖区的时候，核心网下发的业务数据流通过 5G 基站进行分流转发，如图 1-98（a）所示，此时 5G 的用户面承载位于 gNB 基站和 EPC 之间；当终端离开 5G 覆盖区的时候，系统会触发辅站释放流程，同时伴随用户面承载的迁移（从 5G 基站侧迁移到 4G 基站侧），如图 1-98（b）所示，此时核心网下发的业务数据流直接通过 4G 基站下发给终端，保证终端业务不中断。

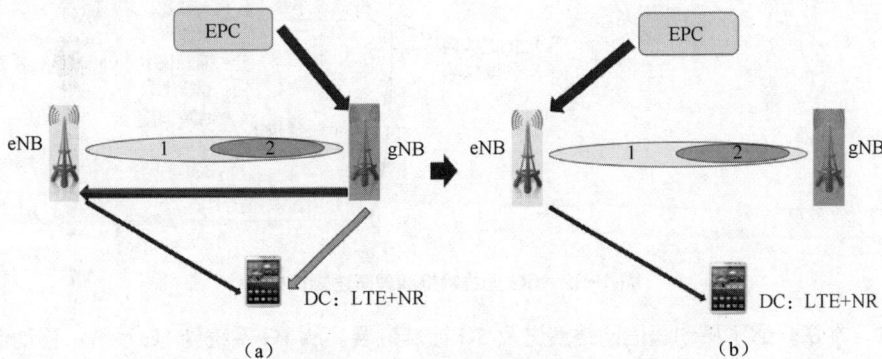

图 1-98　辅站释放流程效果

EN-DC 技术主要有以下几点增益。

① 在 5G 没有独立的核心网的情况下，终端仍然可以使用 5G 的资源。

② 通过 DC 可以使 4G 和 5G 速率叠加，进一步提升速率。

③ 充分利用 4G 覆盖优势，可提升 5G 上行覆盖效果。

当然，现网中要部署 EN-DC，需要满足以下几个前提条件。

① 终端在 5G 网络中开户。

② 终端要支持 EN-DC 特性。

③ 4G 网络和 5G 网络有重叠覆盖区域。

📝 本章小结

本章主要介绍 5G 无线网络原理。通过对本章的学习，读者应该掌握移动通信网络的演进过程、NSA 和 SA 组网架构的区别、5G 空口相关基础原理以及 5G 无线网络的关键技术。本章的知识框架如图 1-99 所示。

移动通信网络演进及5G标准进展
- 1. 移动通信网络演进
- 2. 3GPP主流版本演进

5G无线网络设备组网架构
- 1. 移动通信网络拓扑架构
  - 3GPP空口协议栈
  - TCP/IP传输协议栈
  - 4G网络拓扑架构
  - 5G移动通信网络架构
  - 5G网络的主要接口
- 2. NSA组网方案
- 3. SA组网方案

5G无线网络原理概述

5G频段、空口信道和无线网络关键技术
- 1. 5G频段及规范
  - 频谱资源
  - 小区和扇区
  - 我国的5G频谱分配情况
- 2. 5G空口信道及应用
  - 5G逻辑信道、传输信道、物理信道
  - 5G信道映射
- 3. 5G无线网络关键技术
  - NR物理资源
    - 5G全局栅格、信道栅格、全局同步信道号
    - F-OFDM、上行波形自适应
    - 部分带宽
    - 循环前缀
    - 系统参数
    - 时域资源
    - 时隙
  - 提高速率技术
    - Massive MIMO
    - 高阶调制256QAM
    - 大带宽
    - 载波聚合
    - 编码技术（Polar编码、LDPC编码）
    - 超级上行
  - 降低时延技术
    - 时隙调度
    - 免调度
    - D2D通信
  - 提升覆盖效果技术
    - 上下行解耦
    - 云空口
    - EN-DC

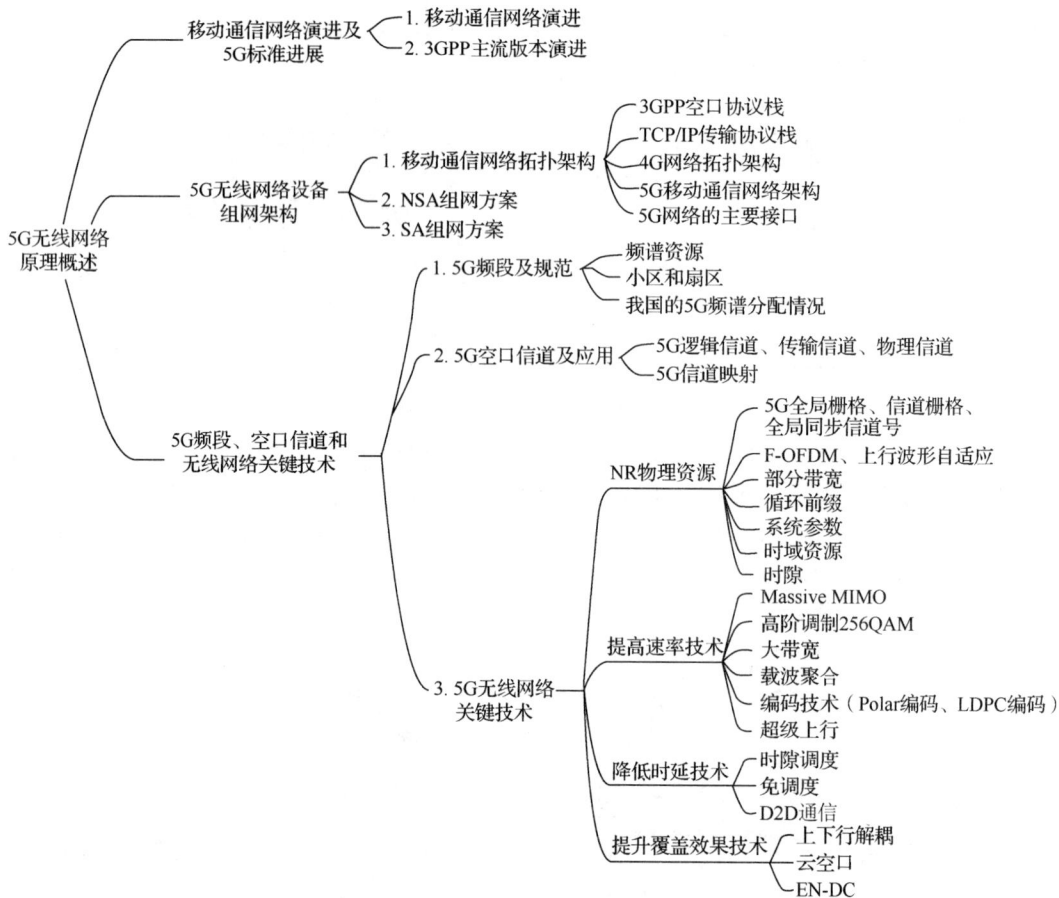

图1-99　5G无线网络原理概述知识框架

首先，本章介绍了移动通信网络演进及5G标准进展。从1G系统到5G系统，移动通信网络的发展日新月异，技术不断更新。1G系统的关键技术包括模拟蜂窝、频分多址等。2G系统采用的关键技术包括频分双工、时分多址、跳频、码分多址以及功率控制等。3G系统采用了扩频/解扩、智能天线、时分双工、上行同步以及接力切换等关键技术，在实现高速数据通信方面相对2G系统提升了系统的性能。4G系统采用了高阶调制、自适应调制编码、波束赋形、大带宽、多入多出、载波聚合以及正交频分复用等关键技术，促使系统性能得到进一步的提升。5G的应用场景分为eMBB、URLLC以及mMTC三大类型，不同应用场景对关键能力的要求不同。对于eMBB场景，峰值速率最高可达到10Gbit/s。对于URLLC场景，空口时延最低可达到1ms。对于mMTC场景，每平方千米连接数提升到100万个。目前5G R15、R16已经发布。R15主要针对eMBB应用场景制定标准规范。R16实现了从"能用"到"好用"，围绕"新能力拓展""已有能力挖潜""运维降本增效"3个方面，进一步增强了5G更好地服务行业应用的能力。

其次，本章介绍了5G无线网络设备组网架构。5G网络架构分为无线接入网、承载网、核心网3个部分。5G无线接入网的网元为gNB，未来无线侧可能会向云化方向演进，成为云接入网。5G承载网从逻辑层次上可分为前传网、中传网和回传网。5G核心网采用云化架构，底层由通用的服务器硬件组成，通过网络功能虚拟化技术，可以将核心网各网元功能部署在云化核心网中。核心网中有3类数据中心，分别为中心DC、区域DC和边缘DC。5G存在NSA和SA两种组网方案。NSA组网与SA组网的关键区别在于其控制面锚点是在4G基站eNB侧还是在

5G 基站 gNB 侧。在 NSA 组网场景下，控制面锚点都在 eNB 侧，根据核心网的不同，主要分为 Option3 系列和 Option7 系列两大组网方案。SA 组网场景下，控制面锚点都在 gNB 侧，根据无线侧基站类型，主要分为 Option2 系列（无线侧只有 gNB）和 Option4 系列（无线侧 eNB+gNB）两大组网方案。

最后，本章介绍了 5G 无线网络的关键技术。为实现 5G 三大应用场景的愿景，5G 网络的整体架构比 4G 网络发生了很大变化，并采用了很多新的技术，以提升空口性能、覆盖质量和业务保障能力。NR 物理资源由时域和频域两个维度组成。时域资源主要包括无线帧、子帧、时隙、符号、基本时间单位等。频域资源主要包括子载波间隔、资源块、资源粒子等。NR 资源非常丰富，可根据具体应用场景灵活配置，与此相关的 5G 新技术包括部分带宽、F-OFDM、系统参数的灵活配置等。Massive MIMO 技术在增大覆盖范围和容量、降低干扰等方面效果显著。高阶调制 256QAM 技术用于提高下行峰值吞吐率和频率效率。5G 网络 eMBB 场景采用的 Polar 编码和 LDPC 编码，可提高用户数据编码效率，进而提高用户业务速率。5G 采用了灵活的时隙调度、免调度、D2D 等技术来降低时延。此外，上下行解耦、云空口、EN-DC 等技术可有效地增强 5G 网络的覆盖性能。

📝 课后练习

一、单选题

（1）第三代移动通信系统不包括（　　）制式。

  A．GSM   B．TD-SCDMA   C．CDMA2000   D．WCDMA

（2）（　　）组网场景不支持动态分流。

  A．Option3   B．Option3a   C．Option3x   D．Option7

（3）5G 是从 3GPP（　　）开始定义的。

  A．Release 8   B．Release 9   C．Release 15   D．Release 16

（4）在 5G 承载网架构中，中传网位于（　　）。

  A．AAU 到 BBU 之间   B．DU 到 CU 之间

  C．AAU 到 DU 之间   D．CU/BBU 到核心网之间

（5）（　　）SCS 更适用于部署 mMTC 业务。

  A．15kHz   B．30kHz   C．60kHz   D．120kHz

（6）（　　）组网属于 SA 组网。

  A．Option3   B．Option3x   C．Option7   D．Option2

（7）NR 系统中的 1 个 REG 包含（　　）个 RE。

  A．72   B．12   C．36   D．16

（8）NR 系统中的 1 个 CCE 包含（　　）个 REG。

  A．4   B．6   C．8   D．2

（9）5G 的 1 个 CCE 包含（　　）个 RE。

  A．72   B．6   C．36   D．16

（10）（　　）不是 5G 用于提高数据传输速率的关键技术。

  A．Massive MIMO B．256QAM   C．F-OFDM   D．时隙调度

（11）（　　）不是 5G 用于降低时延的关键技术。

  A．时隙调度   B．免调度   C．D2D   D．上下行解耦

（12）（　　）不是 5G 用于提高覆盖效果的关键技术。

  A．OFDM   B．Massive MIMO C．EN-DC   D．上下行解耦

（13）ITU 定义的 5G 八大能力目标中，对于空口时延的要求是小于（　　　）ms。

  A. 1　　　　　　　　B. 2　　　　　　　　C. 5　　　　　　　　D. 10

（14）ITU 定义的 5G 八大能力目标中，对于连接数密度的要求是达到每平方千米（　　　）个设备。

  A. 1 万　　　　　　　B. 10 万　　　　　　　C. 100 万　　　　　　D. 500 万

（15）eMBB 场景下 5G 的上行峰值速率可达到（　　　）bit/s。

  A. 1G　　　　　　　B. 5G　　　　　　　C. 10G　　　　　　　D. 50M

（16）相对于 4G，5G 空口用户面协议栈增加了（　　　）层协议。

  A. SDAP　　　　　　B. PDCP　　　　　　C. RLC　　　　　　　D. MAC

（17）5G 中存在于 MAC 层和 RLC 层之间的信道为（　　　）。

  A. 逻辑信道　　　　　B. 传输信道　　　　　C. 物理信道　　　　　D. 以上都不对

（18）5G 中 gNB 之间的接口为（　　　）。

  A. Xn　　　　　　　B. NG2　　　　　　　C. NG3　　　　　　　D. Uu

（19）在 NSA 组网场景下，控制面锚点在（　　　）侧。

  A. eNB　　　　　　B. gNB　　　　　　　C. EPC　　　　　　　D. NGC

（20）在 SA 组网场景下，控制面锚点在（　　　）侧。

  A. eNB　　　　　　B. gNB　　　　　　　C. EPC　　　　　　　D. NGC

（21）对于 Cloud RAN 云化部署方案，错误的描述为（　　　）。

  A. Cloud RAN 云化部署方案有两种，分别为方案 1（将 CU 部署在区域数据中心中，DU 根据具体的应用场景需求部署在中心机房或者接入机房中）和方案 2（将 CU 部署在中心机房中，DU 部署在接入机房中）

  B. 将 CU 部署在区域数据中心中，DU 部署在中心机房或者接入机房中，可实现更大范围的处理及资源共享

  C. 将 CU 部署在区域数据中心中，DU 部署在中心机房或者接入机房中，可实现更小的时延

  D. 将 CU 部署在中心机房中，DU 部署在接入机房中，可实现更低的时延

（22）对于时延需求为 1 ～ 5ms 的车联网切片业务，合理的部署为（　　　）。

  A. SOC-UP 部署在边缘 DC 中，SOC-CP 部署在区域 DC 中

  B. SOC-UP 和 SOC-CP 都部署在区域 DC 中

  C. SOC-UP 和 SOC-CP 都部署在中心 DC 中

  D. SOC-UP 部署在区域 DC 中，SOC-CP 部署在中心 DC 中

（23）对于 SA 网络 Option2 组网方案，错误的描述为（　　　）。

  A. 核心网采用 NGC 架构

  B. 控制面锚点都在 gNB 侧

  C. 和 4G 没有关系，用户不需要 4G 辅助进行业务

  D. 数据从 gNB 侧进行分流，对 eNB 侧没有影响

（24）5G 网络中，将原 BBU 的非实时部分分割出来，负责处理非实时协议和服务的功能实体是（　　　）。

  A. CU　　　　　　　B. DU　　　　　　　C. AAU　　　　　　　D. DC

（25）在 5G 网络中，数据中心的类型**不包括**（　　　）。

  A. Edge DC　　　　　B. Regional DC　　　　C. Central DC　　　　D. Distributed DC

二、多选题

（1）ITU 于 2015 年 6 月定义了未来 5G 的三大类应用场景，分别是（　　）。

  A．eMBB   B．URLLC   C．mMTC   D．uMTC

（2）系统参数是 NR 新提出的概念，是 5G 系统的基础参数集合，包括的参数为（　　）。

  A．SCS   B．循环前缀长度   C．TTI   D．系统带宽

（3）RLC 层即无线链路控制层，其包含的 3 种传输模式为（　　）。

  A．确认模式   B．非确认模式   C．透明模式   D．非透明模式

（4）5G 系统参数支持的子载波间隔有（　　）。

  A．10kHz   B．15kHz   C．60kHz   D．45kHz

（5）对于子载波间隔的描述，正确的为（　　）。

  A．子载波间隔越大，对应的时隙时间长度越短，可以缩短调度时延

  B．通过增大子载波间隔，可以提升系统对频偏的健壮性

  C．通过减小子载波间隔，可以提升系统对频偏的健壮性

  D．子载波间隔越小，对应的 CP 长度就越大，支持的小区覆盖半径也就越大

（6）5G 物理信道包括（　　）。

  A．物理广播信道   B．物理控制信道

  C．物理共享信道   D．物理控制格式指示信道

（7）5G 的速率比 4G 的提高了很多，采用的新技术包括（　　）。

  A．Massive MIMO   B．F-OFDM   C．LDPC 编码   D．EN-DC

（8）属于 NSA 组网方案的为（　　）。

  A．Option2 系列   B．Option3 系列   C．Option4 系列   D．Option7 系列

（9）符合 3GPP 建议的接口协议包括空口控制面协议栈和空口用户面协议栈，其中控制面层的协议包括（　　）。

  A．SDAP   B．PDCP   C．RLC   D．MAC

（10）对于 NSA 网络的 Option7 系列，描述正确的是（　　）。

  A．Option7 系列组网方案的信令面锚定都在 eLTE 侧，NR 侧只有用户面，可以解决 5G 部署初期覆盖不连续的问题

  B．对于 Option7 组网方案，数据从 eLTE 侧进行分流，对 eNB 侧处理能力要求高

  C．对于 Option7a 组网方案，数据从 5G 核心网进行分流，5G 核心网只能基于承载网进行数据分流，无法根据无线环境进行调整

  D．对于 Option7x 组网方案，用户面锚定在 gNB 侧，不会存在频繁的用户面锚点变更

三、简答题

（1）简述 RB、RE、CCE 的定义。

（2）简述 Option3、Option3a、Option3x 这 3 种组网方案的异同点。

（3）简述 4G 系统采用的关键技术。

（4）简述 5G 网络主要网元和地面接口。

（5）分别列举 5G 用于提高速率、降低时延以及提高覆盖效果所涉及的关键技术。

第 2 章
5G无线基站产品介绍

02

华为 5G 无线基站主要由机柜、基带单元和射频单元组成。基带单元主要完成上行/下行基带数据处理和信号同步等功能，射频单元完成射频信号的调制、解调、功率放大、滤波、双工等功能。

5G 无线基站的应用形式主要包括室外宏站场景和室分组网场景。室外宏站场景中，需要将设备安装在铁塔上或者楼顶，以保证室外信号的连续广覆盖，通过采用 Massive MIMO 技术，提高频谱效率，满足用户基本体验。而室分组网场景主要针对室内热点扩容、盲点补充等需求，使用 LampSite 基站，通过采用超密集组网、毫米波通信等技术来增大系统容量。

本章学习目标

- 掌握华为 5G 基站产品的结构和原理
- 熟悉华为 5G 基站产品的性能参数
- 熟悉华为 5G 基站产品的功能模块
- 熟悉华为 5G 基站的典型配置

2.1 5G 无线基站产品概述

华为 5G 无线基站主要由机柜、基带单元和射频单元组成。基带单元和射频单元之间的接口采用通用公共无线接口（Common Public Radio Interface，CPRI）和增强型通用公共无线接口（enhanced Common Public Radio Interface，eCPRI），使用光纤传输信号。

5G 基带单元负责无线 NR 基带协议处理，包括整个 UP 及 CP 协议处理功能，并提供与核心网之间的回传接口（NG 接口）以及基站间的互连接口（Xn 接口）。

5G 射频单元主要完成 NR 基带信号与射频信号的转换及 NR 射频信号的收发处理功能。在下行方向，5G 射频单元接收从 5G 基带单元传来的基带信号，经过上变频、数/模转换以及射频调制、滤波、信号放大等发射链路处理后，经由开关和天线单元发射出去。在上行方向，5G 射频单元通过天线单元接收上行射频信号，经过低噪放大、滤波、解调等接收链路处理后，再通过模/数转换和下变频等模块，转换为基带信号并发送给 5G 基带单元。

2.1.1 基站在 5G 网络中的位置及功能

5G 无线基站（gNB）主要用于提供 5G 空口协议功能，支持与用户设备、核心网之间的通信。gNB 在 5G 网络中的位置如图 2-1 的虚线框所示。

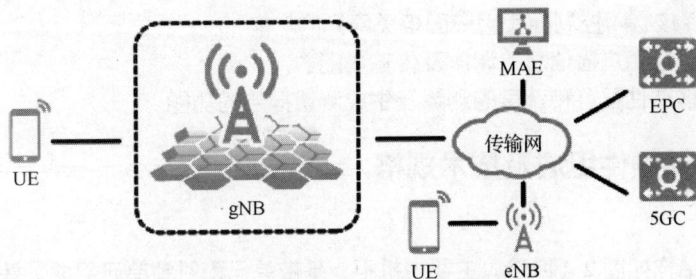

图 2-1 gNB 在 5G 网络中的位置示意

5G 网络有两种组网场景，即 NSA 组网和 SA 组网。在这两种组网场景下，无线基站的功能各不相同，具体介绍如下。

1. NSA 组网下基站的位置及功能

NSA 组网一般在 5G 初期部署，主要聚焦 eMBB 业务，华为基站支持 Option3 和 Option3x 这两种 NSA 组网方式。NSA 组网场景下 gNB 的位置示意如图 2-2 所示。

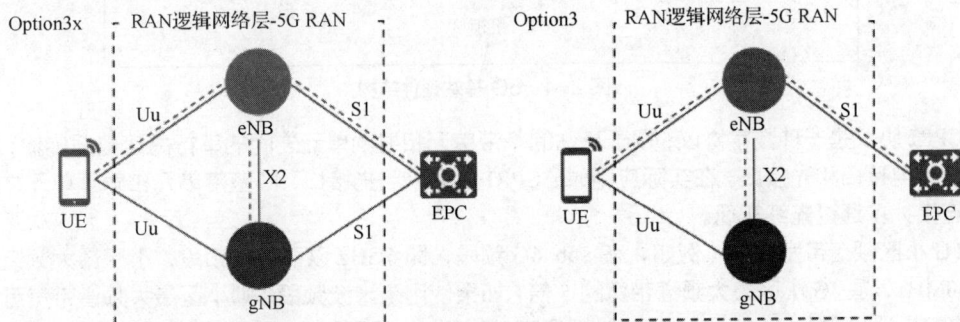

图 2-2 NSA 组网场景下 gNB 的位置示意

NSA 组网中核心网可以重用当前的 4G 核心网（即 EPC），便于快速引入 5G，4G 是控制面锚点，因此部分控制面功能由 4G 无线基站（即 eNB）完成。

NSA 组网中 gNB 主要完成的功能如下。

① 无线资源管理。

② 用户数据流的基带处理和射频处理。

③ 执行寻呼信息和广播信息的调度及传输。

④ gNB 为 Option3x 组网中用户面数据分流的锚点。

2. SA 组网下基站的位置及功能

SA 组网场景下，华为基站只支持 Option2 组网架构，即采用端到端的 5G 网络架构，从终端、无线 NR 到核心网都采用 5G 相关标准，支持 5G 各类接口，可实现 5G 各项功能，从而提供 5G 的各类服务。图 2-3 所示为 SA 组网场景下 gNB 的位置示意。

SA 组网中，gNB 主要完成的功能如下。

① 无线资源管理功能，即实现无线承载控制、无线许可控制和连接移动性控制，在上下行链路上完成终端（UE）上的动态资源分配。

② 用户数据流的基带处理和射频处理功能。

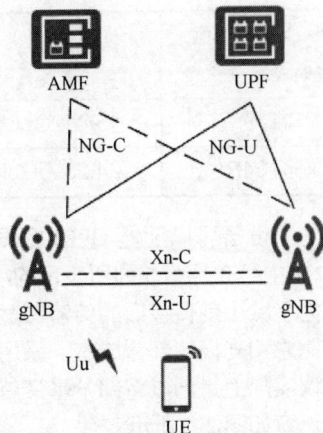

图 2-3 SA 组网场景下 gNB 的位置示意

③ 为 UE 选择核心网控制面和用户面相关网元的功能。

④ 执行寻呼信息和广播信息的调度及传输功能。

⑤ 完成有关移动性配置和调度的测量及生成测量报告的功能。

2.1.2　基站硬件组成及技术规格

1. 硬件组成

5G 基站硬件结构如图 2-4 所示，主要由机柜、基带单元和射频单元组成。基带单元主要完成上行/下行基带数据处理、信号同步等功能，射频单元完成射频信号的调制和解调、功率放大、滤波、双工等功能。基带单元和射频单元之间的接口称为前传接口，采用 CPRI/eCPRI 协议，使用光纤进行传输。

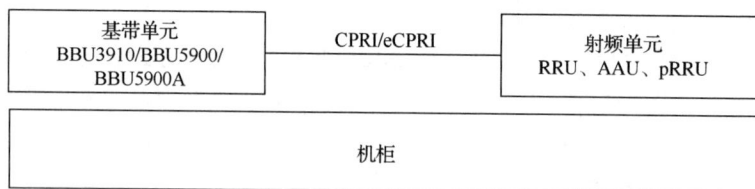

```
┌─────────────────┐                    ┌─────────────────┐
│    基带单元       │   CPRI/eCPRI       │    射频单元       │
│ BBU3910/BBU5900/ │────────────────────│  RRU、AAU、pRRU  │
│    BBU5900A      │                    │                 │
└─────────────────┘                    └─────────────────┘
┌────────────────────────────────────────────────────────┐
│                        机柜                              │
└────────────────────────────────────────────────────────┘
```

图 2-4　5G 基站硬件结构

CPRI 协议是一种数字协议，用于基站的基带单元和射频单元之间的串行高速数据传输，该协议规定了电接口和光接口。在实际应用时，CPRI 大多采用光接口，即基带单元和射频单元之间的物理连接大多通过光纤实现。

5G 小区频谱带宽很大（例如，在 Sub 6G 频段，即 6GHz 以下的低频段，小区最大频谱带宽为 100MHz，是 4G 小区最大频谱带宽的 5 倍；如果使用毫米波频段，则小区最大频谱带宽可以达到 400MHz），同时 Massive MIMO 阶数最高可达到 64 路发射/64 路接收（64T64R），比传统的 MIMO 高很多。采用传统 CPRI 协议时，完成物理层处理之后的基带数据量非常大，这给基站前传接口的传输带宽能力提出了很高的要求。

以 Sub 6G 频段的小区为例，收发模式为 64T64R，子载波间隔为 30kHz，不同小区带宽配置下的 CPRI 数据带宽如表 2-1 所示。

表 2-1　不同小区带宽配置下的 CPRI 数据带宽

小区带宽 收发模式	40MHz	60MHz	80MHz	100MHz
1T1R	1.9412Gbit/s	2.9119Gbit/s	3.8825Gbit/s	4.8531Gbit/s
64T64R	124.2395Gbit/s	186.3593Gbit/s	248.497Gbit/s	310.5988Gbit/s

华为设备可以配置 CPRI 数据压缩，最高压缩比为 3.2∶1，可以计算得出最高规格的小区（表 2-1 中第 3 行第 5 列所表示的小区）经过压缩之后 CPRI 带宽仍然接近 100Gbit/s。

为了减小前传接口的传输带宽，5G 支持 eCPRI 协议，使用该协议后可大大降低前传接口的带宽需求和光模块部署成本。采用 eCPRI 后，小区在前传接口上的带宽需求低于 25Gbit/s，该接口协议实际上是通过将部分基带单元功能下沉到射频单元进行处理，从而降低前传带宽的。eCPRI 原理示意如图 2-5 所示。

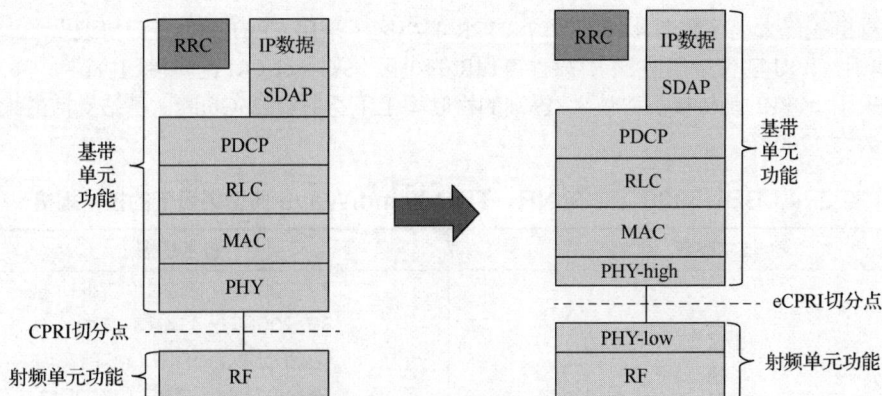

图 2-5　eCPRI 原理示意

2. 技术规格

基站的技术规格参数主要有小区数、吞吐率和 RRC 连接数。小区数是指基站能够支持的最大小区数量。吞吐率是指基站上下行的数据传输速率。RRC 连接数是指基站接口能够支持的最大用户终端连接数。下面对当前华为 5G 基站主流产品 5900 和 5900A 在不同应用场景下的技术规格分别展开介绍。需要说明的是，本书涉及的所有技术规格均以基站版本 V100R016C10 为准。

BBU5900 工作在 NR、FDD 典型场景下的技术规格如表 2-2 所示。在此场景下，小区的带宽为 20MHz，基站最多能够支持 72 个 4T4R 的小区。基站的吞吐率上下行共计 25Gbit/s。基站支持最大的 RRC 连接用户数为 7200 个。

表 2-2　BBU5900 工作在 NR、FDD 典型场景下的技术规格

技术参数	技术规格
小区数	72×20MHz 4T4R
吞吐率	25Gbit/s（下行+上行）
RRC 连接用户数	7200 个

BBU5900 工作在 NR、TDD 和 Sub 6G 典型场景下的技术规格如表 2-3 所示。在此场景下，小区的带宽是 100MHz，根据不同的收发配置，基站能够支持的最大小区数有 4 种：72 个 4T4R 的小区，36 个 8T8R 的小区，18 个 32T32R 的小区，18 个 64T64R 的小区。基站的吞吐率上下行共计 25Gbit/s。基站支持最大的 RRC 连接用户数为 7200 个。

表 2-3　BBU5900 工作在 NR、TDD 和 Sub 6G 典型场景下的技术规格

技术参数	技术规格
小区数	72×100MHz 4T4R 或 36×100MHz 8T8R 或 18×100MHz 32T32R 或 18×100MHz 64T64R
吞吐率	25Gbit/s（下行+上行）
RRC 连接用户数	7200 个

BBU5900 工作在 NR、TDD 和毫米波频段（millimeter Wave，mmWave）典型场景下的技术规格如表 2-4 所示。在此场景下，小区的带宽是 200MHz，根据不同的前传接口协议和收发配置，

基站能够支持的最大小区数有 4 种：72 个 2T2R 的小区（采用 CPRI 前传接口协议），36 个 4T4R 的小区（采用 CPRI 前传接口协议），72 个 4T4R 的小区（采用 eCPRI 前传接口协议），36 个 8T8R 的小区（采用 eCPRI 前传接口协议）。基站的吞吐率上下行共计 25Gbit/s。基站支持最大的 RRC 连接用户数为 1200 个。

表 2-4　BBU5900 工作在 NR、TDD 和 mmWave 典型场景下的技术规格

技术参数	技术规格
小区数	72×200MHz 2T2R（CPRI）或 36×200MHz 4T4R（CPRI）或 72×200MHz 4T4R（eCPRI）或 36×200MHz 8T8R（eCPRI）
吞吐率	25Gbit/s（下行+上行）
RRC 连接用户数	1200 个

BBU5900A 工作在 NR、FDD 典型场景下的技术规格如表 2-5 所示。在此场景下，小区的带宽为 20MHz，基站最大能够支持 36 个 4T4R 的小区。基站的吞吐率上下行共计 25Gbit/s。基站支持最大的 RRC 连接用户数为 3600 个。

表 2-5　BBU5900A 工作在 NR、FDD 典型场景下的技术规格

技术参数	技术规格
小区数	36×20MHz 4T4R
吞吐率	25Gbit/s（下行+上行）
RRC 连接用户数	3600 个

BBU5900A 工作在 NR、TDD 和 Sub 6G 典型场景下的技术规格如表 2-6 所示。在此场景下，小区的带宽是 100MHz，根据不同的收发配置，基站能够支持的最大小区数有 4 种：36 个 4T4R 的小区，18 个 8T8R 的小区，9 个 32T32R 的小区，9 个 64T64R 的小区。基站的吞吐率上下行共计 25Gbit/s。基站支持最大的 RRC 连接用户数为 7200 个。

表 2-6　BBU5900A 工作在 NR、TDD 和 Sub 6G 典型场景下的技术规格

技术参数	技术规格
小区数	36×100MHz 4T4R 或 18×100MHz 8T8R 或 9×100MHz 32T32R 或 9×100MHz 64T64R
吞吐率	25Gbit/s（下行+上行）
RRC 连接用户数	7200 个

BBU5900A 工作在 NR、TDD 和 mmWave 典型场景下的技术规格如表 2-7 所示。在此场景下，小区的带宽是 200MHz，根据不同的前传接口协议和收发配置，基站能够支持的最大小区数有 4 种：36 个 2T2R 的小区（采用 CPRI 前传接口协议），18 个 4T4R 的小区（采用 CPRI 前传接口协议），36 个 4T4R 的小区（采用 eCPRI 前传接口协议），18 个 8T8R 的小区（采用 eCPRI 前传接口协议）。基站的吞吐率上下行共计 25Gbit/s。基站支持最大的 RRC 连接用户数为 600 个。

表 2-7　BBU5900A 工作在 NR、TDD 和 mmWave 典型场景下的技术规格

技术参数	技术规格
小区数	36×200MHz 2T2R（CPRI）或 18×200MHz 4T4R（CPRI）或 36×200MHz 4T4R（eCPRI）或 18×200MHz 8T8R（eCPRI）
吞吐率	25Gbit/s（下行+上行）
RRC 连接用户数	600 个

2.2　5G 无线基站模块

5G 无线基站模块包括基带单元和射频单元，二者通过光纤进行连接。根据使用场景的不同，基带单元分为小型化室内盒式设备和室外一体化设备，射频单元分为拉远射频单元（Remote Radio Unit，RRU）、有源天线处理单元（Active Antenna Unit，AAU）和微型拉远射频单元（pico Remote Radio Unit，pRRU）。下面分别对基带单元和射频单元进行介绍。

2.2.1　基带单元

基带单元主要负责集中控制及管理整个基站系统，具体功能如下。

① 集中管理整个基站系统，包括资源管理、软件管理、操作维护、信令处理和系统时钟管理。

② 完成上行/下行数据基带处理功能，并提供与射频模块通信的接口。

③ 提供基站与传输网络的物理接口，完成信息交互和远端维护。

④ 提供 USB 接口实现近端维护。

⑤ 提供和环境监控设备的通信接口，接收和转发来自环境监控设备的信号。

目前，华为 5G 基站使用的基带单元主要是 BBU5900 系列产品，包括 BBU5900 和 BBU5900A，其中 BBU5900 是小型化的盒式设备，而 BBU5900A 是室外基站单元模块，集主控、传输基带为一体。BBU5900 和 BBU5900A 的具体介绍如下。

1. 物理架构

（1）BBU5900 产品外观和整机规格

BBU5900 的物理尺寸为 86mm×442mm×310mm（高×宽×深），满配置时质量为 18kg。配置半宽板的 BBU5900 外观示意如图 2-6 所示。

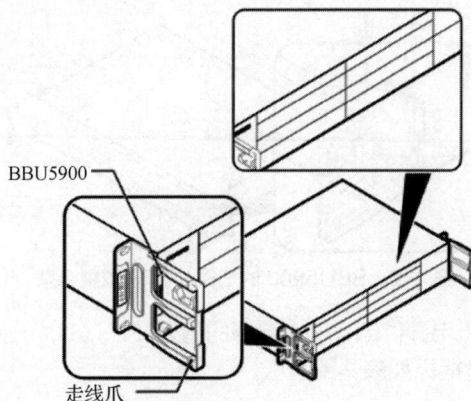

BBU5900

走线爪

图 2-6　配置半宽板的 BBU5900 外观示意

BBU5900 内有 3 个可拆卸滑道，用来安装半宽板，其滑道位置和结构示意如图 2-7 所示。

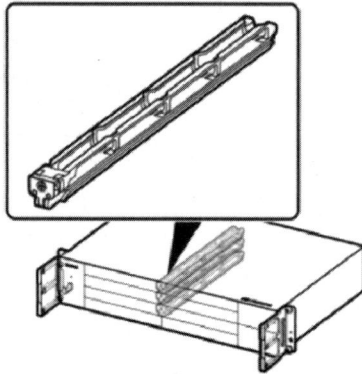

图 2-7　BBU5900 滑道位置和结构示意

配置全宽板的 BBU5900 外观示意如图 2-8 所示。

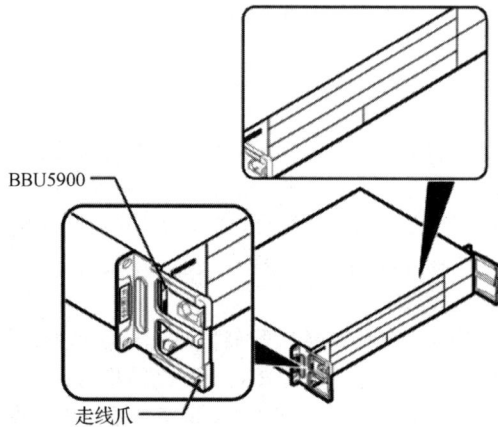

图 2-8　配置全宽板的 BBU5900 外观示意

电子序列号（Electronic Serial Number，ESN）是用来标识一个网元唯一性的标志，将在基站调测时被使用。若 BBU5900 包含电源板，则 ESN 被打印在图 2-9 中"标签"所示的位置（即电源板的位置），否则 ESN 位于图 2-9 中"ESN"所示的位置。

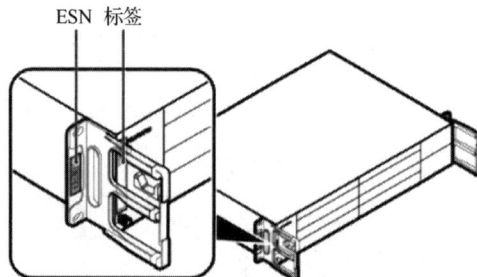

图 2-9　BBU5900 的 ESN、标签位置示意

BBU5900 采用-48V 直流电源供电，输入电源的值为-57～-38.4V。BBU5900 风扇的散热功率为 2100W。BBU5900 的环境指标如表 2-8 所示。

表 2-8　BBU5900 的环境指标

参数	规格
工作温度	长期工作：−20 ~ +55℃
相对湿度	5% ~ 95% RH
保护级别	IP20（即防止直径大于 12.5mm 的固体外物侵入）
气压	70 ~ 106kPa
噪声功率等级	ETS 300 753 3.1≤7.2bels
存储时间	在 1 年内安装使用

（2）BBU5900A 产品外观和整机规格

BBU5900A 是室外基带单元模块，集主控传输基带为一体。根据使用的电源类别不同，有 BBU5900A（AC）和 BBU5900A（DC）两种，前者使用交流电源，后者使用直流电源。两者外观相同，如图 2-10 所示。

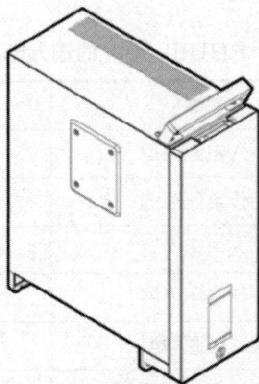

图 2-10　BBU5900A 外观示意

BBU5900A（AC）和 BBU5900A（DC）尺寸相同，为 400mm×160mm×380mm（高×宽×深），满配置时质量为 20kg，典型功耗为 210W。BBU5900A 物理尺寸示意如图 2-11 所示。

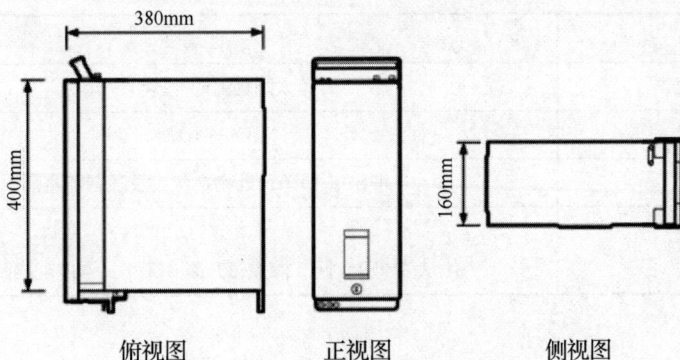

俯视图　　　　正视图　　　　侧视图

图 2-11　BBU5900A 物理尺寸示意

BBU5900A 的 ESN 位置示意如图 2-12 所示。

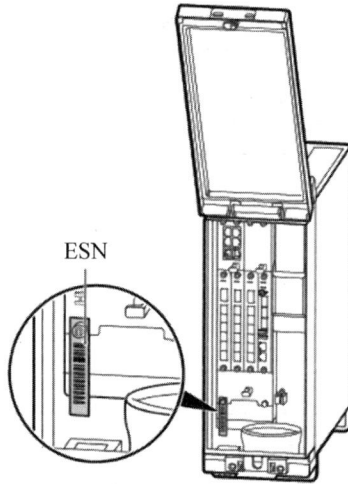

图 2-12　BBU5900A 的 ESN 位置示意

BBU5900A（DC）采用-48V 直流电源供电。BBU5900A（AC）支持 110V 和 220V 两种交流电。BBU5900A 的输入电源规格如表 2-9 所示。

表 2-9　BBU5900A 的输入电源规格

BBU5900A	参数	规格
BBU5900A（DC）	输入电源类型	-48V DC
	工作电压范围	-57～-38.4V DC
BBU5900A（AC）110V	输入电源类型	110V AC 单相
	工作电压范围	90～135V AC
BBU5900A（AC）220V	输入电源类型	220V AC 单相
	工作电压范围	176～290V AC

BBU5900A 工作环境规格如表 2-10 所示。

表 2-10　BBU5900A 工作环境规格

参数	规格
工作温度	有太阳辐射时：-40～+50℃
相对湿度	5%～100% RH
保护级别	IP55（即防止外物、灰尘及喷射的水浸入）
海拔	4000m （从 1800m 起，海拔每升高 100m，温度规格降低 1℃）

2. 逻辑架构

BBU5900 系列产品由整机子系统、主控子系统、基带子系统、传输子系统、互联子系统、时钟子系统和监控子系统组成，各个子系统又由不同的单元模块组成。BBU5900 系列产品逻辑组成如表 2-11 所示。

表 2-11　BBU5900 系列产品逻辑组成

子系统	单元模块
整机子系统	背板、风扇、电源模块
主控子系统	主控传输单元
基带子系统	基带处理单元
传输子系统	主控传输单元
互联子系统	主控传输单元
时钟子系统	主控传输单元
监控子系统	监控单元

　　BBU5900 系列产品原理示意如图 2-13 所示。图 2-13 中虚线框内为 BBU5900 各个单元模块。基带处理单元（Base Band Processing unit，BBP）通过光纤与射频单元（RRU/AAU 等）连接。主控传输单元（Main Processing & Transmission unit，MPT）将 BBU 连接到 5G 核心网或 4G 的基站控制器，同时为 BBU 提供本地维护终端（Local Maintenance Terminal，LMT）。时钟星卡单元（Satellite card Clock Unit，SCU）为 BBU 提供各种时钟信号。电源模块即电源与环境接口单元（Power and Environment interface Unit，PEU）向 BBU 供电。监控单元即环境接口单元（Environment Interface Unit，EIU）对 BBU 运行进行环境监控和告警管理。风扇模块对 BBU 进行散热。

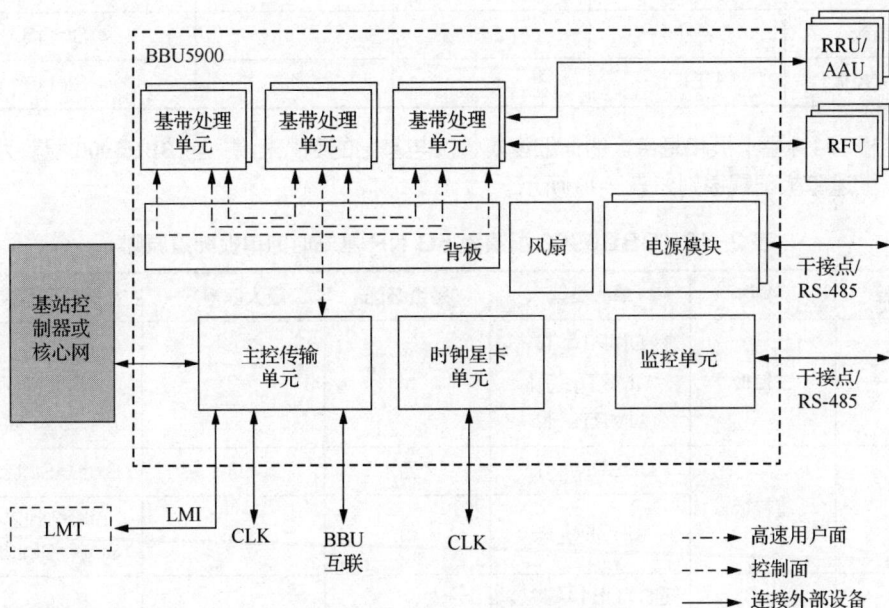

图 2-13　BBU5900 系列产品原理示意

3. 单板

（1）槽位配置

　　BBU5900 根据配置的基带板不同而有不同的槽位分布。BBU5900 配置半宽板时，有 11 个槽位（Slot0～Slot7、Slot16、Slot18 和 Slot19），其槽位分布如图 2-14 所示。

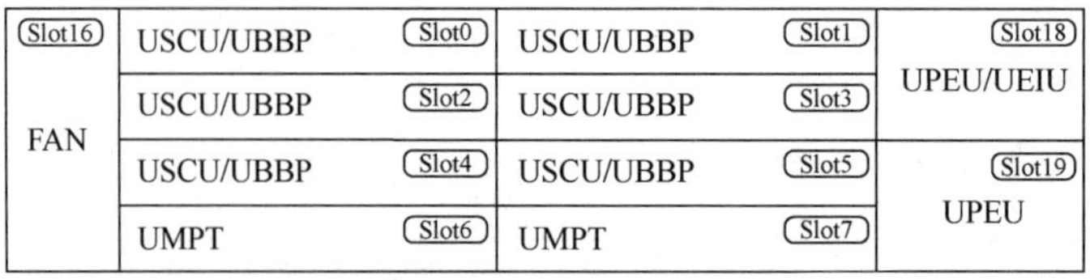

Slot16	USCU/UBBP	Slot0	USCU/UBBP	Slot1	Slot18	
FAN	USCU/UBBP	Slot2	USCU/UBBP	Slot3	UPEU/UEIU	
	USCU/UBBP	Slot4	USCU/UBBP	Slot5	Slot19	
	UMPT	Slot6	UMPT	Slot7	UPEU	

图 2-14　配置半宽板时 BBU5900 的槽位分布

BBU5900 配置全宽板时，有 8 个槽位（Slot0、Slot2、Slot4、Slot6、Slot7、Slot16、Slot18 和 Slot19），其槽位分布如图 2-15 所示。

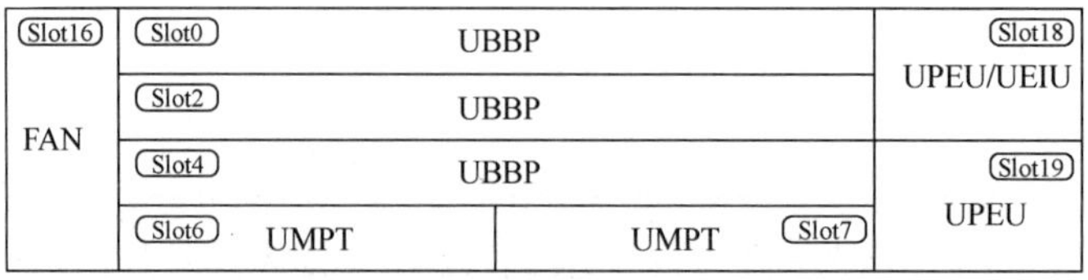

Slot16	Slot0	UBBP	Slot18	
FAN	Slot2	UBBP	UPEU/UEIU	
	Slot4	UBBP	Slot19	
	Slot6	UMPT	UMPT	Slot7	UPEU	

图 2-15　配置全宽板时 BBU5900 的槽位分布

在任意场景下，电源板、风扇板和环境监控板固定配置在 BBU5900 内的相应位置，其中电源板和风扇板是必配的，环境监控板可选配。三者的配置原则如表 2-12 所示。

表 2-12　BBU5900 电源板、风扇板和环境监控板的配置原则

单板种类	单板名称	是否必配	最大配置数	槽位配置优先级
电源板	UPEUe	是	2	Slot19>Slot18
风扇板	FANf	是	1	Slot16
环境监控板	UEIUb	否	1	Slot18

主控板、时钟星卡板和基带板的详细配置情况与基站的制式相关，当 BBU5900 配置为 5G NR 基站时，上述单板配置原则如表 2-13 所示。

表 2-13　BBU5900 配置为 5G NR 基站时的单板配置原则

优先级	种类	单板类型	是否必配	最大配置数	槽位配置优先级
1	主控板	UMPTg_N UMPTga_N UMPTe_N	是	2	Slot7>Slot6
2	基带板	UBBPfw1_N	否	3	Slot0>Slot2>Slot4
		UBBPg_N	否	6	Slot4>Slot2>Slot0> Slot1>Slot3>Slot5
3	时钟星卡板	USCUb14/USCUb16/USCUb18 USCUb11	否	1	Slot4>Slot2>Slot0> Slot1>Slot3>Slot5

BBU5900A 有 8 个槽位（Slot0、Slot2、Slot4、Slot6、Slot16～Slot19）用于配置 BBU 单板和风扇，其槽位分布如图 2-16 所示。

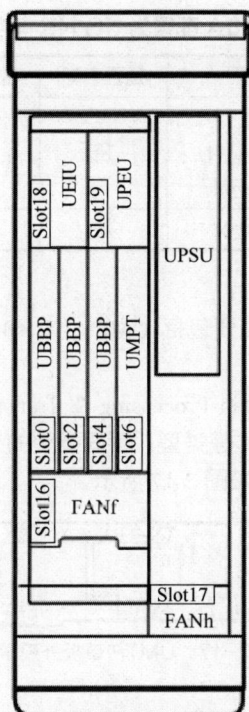

图 2-16　BBU5900A 槽位分布

在任意场景下，电源板、内循环风扇、外循环风扇、电源防雷模块和环境监控板固定配置在 BBU5900A 内的相应位置，它们在 BBU5900A（AC）和 BBU5900A（DC）中的配置原则分别如表 2-14 和表 2-15 所示。

表 2-14　BBU5900A（AC）槽位配置原则

单板种类	单板名称	是否必配	最大配置数	槽位配置优先级
电源板	UPEUh	是	1	Slot19
内循环风扇	FANf	是	1	Slot16
外循环风扇	FANh	是	1	Slot17
电源防雷模块	UPSUb	是	1	—
环境监控板	UEIUd	是	1	Slot18

表 2-15　BBU5900A（DC）槽位配置原则

单板种类	单板名称	是否必配	最大配置数	槽位配置优先级
电源板	UPEUg	是	1	Slot19
内循环风扇	FANf	是	1	Slot16
外循环风扇	FANh	是	1	Slot17
电源防雷模块	UPSUa	是	1	—
环境监控板	UEIUd	是	1	Slot18

主控板、基带板的具体配置与基站的制式相关，当 BBU5900A 配置为 5G NR 基站时，上述单板配置原则如表 2-16 所示。

表 2-16　BBU5900A 配置为 5G NR 基站时的单板配置原则

优先级	单板种类	单板类型	是否必配	最大配置数量	槽位配置优先级
1	主控板	UMPTg_N UMPTga_N UMPTe_N	是	1	Slot6
2	基带板	UBBPg_N	是	3	Slot4 > Slot2> Slot0

（2）单板介绍

BBU5900 系列产品适配的单板主要包括 UMPT、UBBP、UPEU、FANf、FANh、USCU 和 UEIU。下面详细介绍上述单板。

通用主控传输单板（Universal Main Processing & Transmission unit，UMPT）包括 UMPTe、UMPTb1/b2/b3/b8、UMPTg、UMPTga 等类型。不同类型的 UMPT 单板可通过面板左下方的属性标签进行区分。UMPT 单板外观示意如图 2-17 所示。

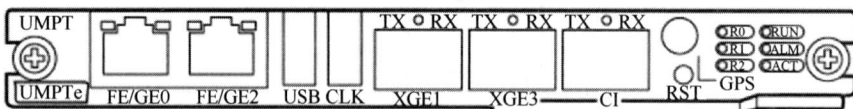

图 2-17　UMTP 单板外观示意

UMPT 单板的主要功能如下。

① 完成基站的配置管理、设备管理、性能监视、信令处理等功能。

② 为 BBU 内其他单板提供信令处理和资源管理功能。

③ 提供 USB 接口、传输接口、维护接口，完成信号传输、软件自动升级、在 LMT 上维护 BBU 的功能。

UMPT 单板原理示意如图 2-18 所示。BBU 通过互联模块与其他 BBU 进行连接，实现 BBU 的互联。信号经传输协议处理模块进行协议转换之后，通过传输接口与核心网相连，完成信号的传输。时钟模块用于提取时钟信号。监控模块用于单板的性能监视。交换模块为 BBU 内各单板间的控制信号提供交换功能。信令处理模块处理控制面信令信号。UMPT 单板的 USB 接口通过 USB 转网口串口线连接网线，再连接笔记本计算机，可以登录基站的 LMT，实现本地维护。背板为单板提供电源并为单板间提供通信。

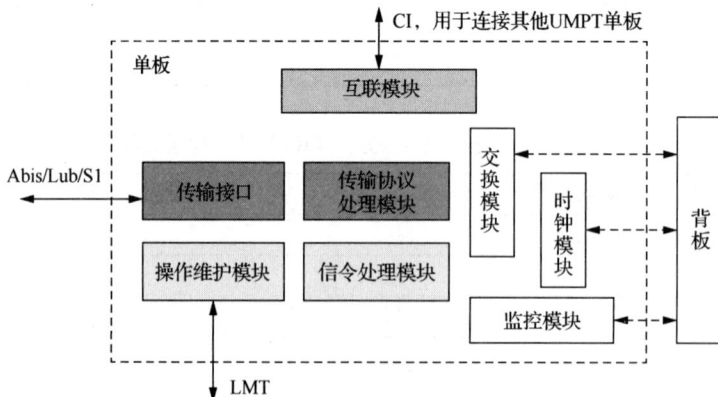

图 2-18　UMPT 单板原理示意

UMPT 单板面板接口如表 2-17 所示。

表 2-17　UMPT 单板面板接口

面板标识	连接器类型	说明
UMPTe/UMPTg: FE/GE0，FE/GE2	RJ45 连接器	FE/GE 电信号传输接口
UMPTe: XGE1，XGE3	SFP 母型连接器	10GE 光信号传输接口， 最大传输速率为 10000Mbit/s
UMPTg: YGE1、YGE3	SFP 母型连接器	25GE 光信号传输接口， 最大传输速率为 25000Mbit/s
UMPTe: GPS UMPTg: GNSS	SMA 连接器	用于传输天线接收的射频信息给 GPS 星卡
USB	USB 连接器	近端登录 LMT 接口
CLK	USB 连接器	时钟测试接口
CI	SFP 母型连接器	BBU 互联接口
RST	—	复位开关

UMPT 单板传输接口规格如表 2-18 所示。

表 2-18　UMPT 单板传输接口规格

单板名称/ 支持星卡类型	传输制式	端口	端口容量	双工方式
UMPTe （GPS/北斗双模星卡）	FE/GE 电传输	2	10Mbit/s、100Mbit/s、1Gbit/s	全双工 或半双工
	FE/GE/10GE 光传输	2	100Mbit/s、1Gbit/s、10Gbit/s	全双工
UMPTg （GPS/北斗多模星卡）	FE/GE 电传输	2	10Mbit/s、100Mbit/s、1Gbit/s	全双工 或半双工
	FE/GE/10GE/25GE 光传输	2	100Mbit/s、1Gbit/s、10Gbit/s、 25Gbit/s	全双工

通用基带处理单板（Universal Base Band Processing unit，UBBP）包括 UBBPd、UBBPe、UBBPei、UBBPem、UBBPex2、UBBPf1、UBBPfw1、UBBPf3、UBBPg 等类型。不同类型的 UBBP 单板可通过面板左下方的属性标签进行区分。UBBP 面板共有 6 个 CPRI 和 1 个高速扩展接口（Highspeed Extension Interface，HEI），其外观示意如图 2-19 所示。

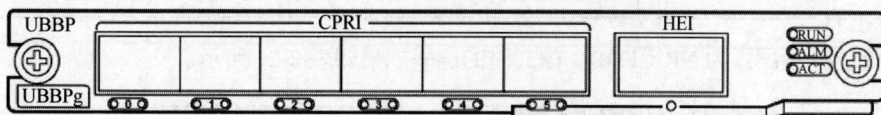

图 2-19　UBBP 单板外观示意

UBBP 单板原理示意如图 2-20 所示。互联模块用于 UBBP 单板间互联。基带业务处理模块、基带交换模块以及业务接口模块用于处理基带信号。信令处理模块用于处理控制信令。时钟模块用于提取时钟信号。背板为单板提供电源并为单板间提供通信。

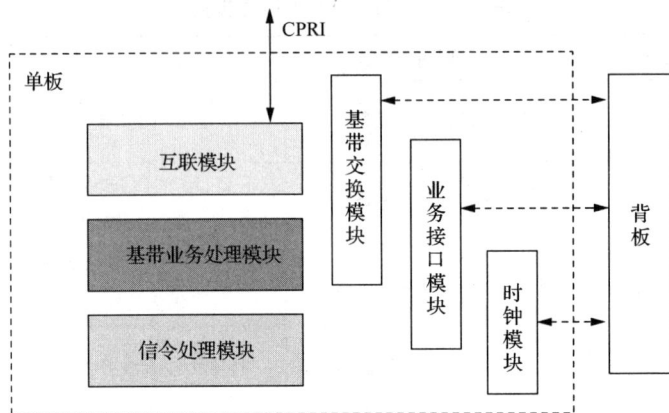

图 2-20　UBBP 单板原理示意

UBBP 单板的主要功能如下。

① 提供与射频模块通信的 CPRI。

② 完成上下行数据的基带处理功能。

③ 支持制式间基带资源重用，实现多制式并发。

UBBP 单板提供 6 个 CPRI 和 1 个 HEI，如表 2-19 所示。UBBP 通过 CPRI 与射频单元连接。UBBP 通过 HEI 与通用交换单元（Universal Switching Unit，USU）连接。

表 2-19　UBBP 单板接口

面板标识	连接器类型	端口数量	说明
CPRI0～CPRI5	SFP 母型连接器	6	BBU 与射频模块互联的数据传输接口，支持光、电传输信号的输入、输出
HEI	QSFP 连接器	1	与 USU 互联，实现与 USU 之间的数据通信

UBBPg3 单板支持接口规格如表 2-20 所示。

表 2-20　UBBPg3 单板支持接口规格

CPRI 数量	适配光模块类型	CPRI 协议类型	CPRI 速率/(Gbit/s)	组网方式
6	SFP	CPRI	1.25/2.5/4.9/6.1/9.8/10.1/24.3	星形、链形、环形、负荷分担
6	SFP	eCPRI	10/25	星形、负荷分担

UBBPg3 单板配置为 NR（FDD）模式时的速率规格如表 2-21 所示。

表 2-21　UBBPg3 单板配置为 NR(FDD)模式时的速率规格

小区数	RRC 连接用户数	吞吐率/（Gbit/s）
12×5/10/15/20MHz 2T2R/2T4R/4T4R	1200 个	下行：0.9 上行：0.45

UBBPg3 单板配置为 NR(TDD,Sub 6G)模式时的速率规格如表 2-22 所示。

表 2-22　UBBPg3 单板配置为 NR(TDD,Sub6G)模式时的速率规格

小区数	RRC 连接用户数	吞吐率/（Gbit/s）（下行：上行=8：2）
12 × 20/30/40/50/60/70/80/90/100MHz 4T4R	2400 个	下行：9 上行：1.35
6 × 20/30/40/50/60/70/80/90/100MHz 8T8R		
3 × A 32T32R/64T64R+3 × B 32T32R/64T64R		

注意：A 和 B 表示小区带宽，分别支持 20MHz、30MHz、40MHz、50MHz、60MHz、70MHz、80MHz、90MHz、100MHz。小区带宽 A 和小区带宽 B 之和不能超过 120MHz。小区带宽 A 和小区带宽 B 之和为 120MHz 时，不支持 30MHz 和 90MHz 带宽组合，也不支持 50MHz 与 70MHz 带宽组合。

UBBPg3 单板配置为 NR(TDD+FDD,Sub 6G)模式时的小区数规格如表 2-23 所示。

表 2-23　UBBPg3 单板配置为 NR(TDD+FDD,Sub 6G)模式时的小区数规格

NR(FDD)小区数+NR(TDD)小区数+SUL 小区数	NR(FDD)用户数+NR(TDD)用户数
3 × 5/10/15/20MHz 2T2R/2T4R/4T4R+3 × 20/30/40/50/60/70/80/90/100MHz 32T32R+3 × 10/15/20MHz 2R4R	1200+1200 个
3 × 5/10/15/20MHz 2T2R/2T4R/4T4R+3 × 20/30/40/50/60/70/80/90/100MHz 64T64R+3 × 10/15/20MHz 2R4R	

通用电源环境接口单板（Universal Power and Environment interface Unit，UPEU）包括 3 种不同的类型：UPEUe（应用在 BBU5900 中）、UPEUg（直流电源转换模块，应用在 BBU5900A(DC)中）和 UPEUh（交流电源转换模块，应用在 BBU5900A(AC)中）。

UPEU（UPEUe、UPEUg 和 UPEUh）外观示意如图 2-21 所示。

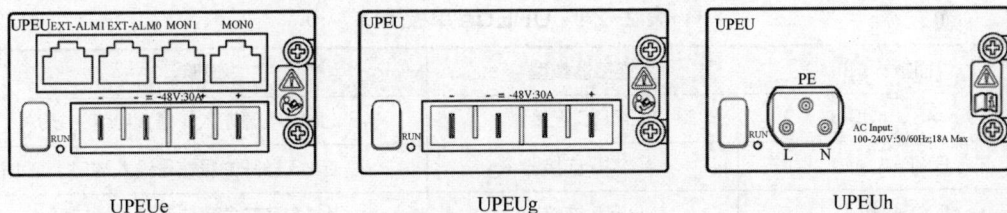

图 2-21　UPEU 外观示意

UPEUe 原理示意如图 2-22 所示，其中电源模块将-48V 直流电源转换成+12V 直流电源，经背板为 BBU 内各业务单板及风扇供电。监控接口模块提供 2 路 RS-485 信号接口和 8 路开关量信号接口，用于环境监控。

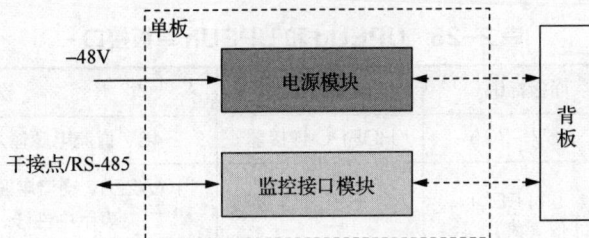

图 2-22　UPEUe 原理示意

UPEUg 和 UPEUh 原理示意如图 2-23 所示。其中 UPEUg 单板的输入为-48V 直流电源，而 UPEUh 单板的输入为 110V/220V 交流电源。

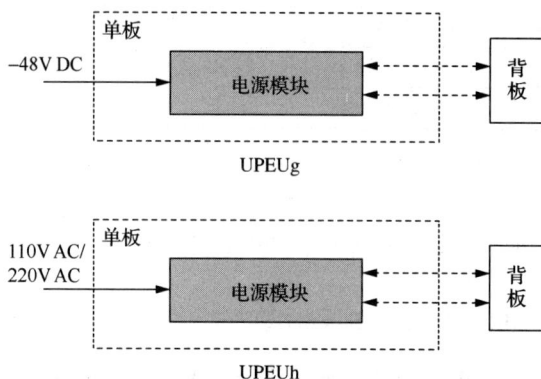

图 2-23　UPEUg 和 UPEUh 原理示意

UPEU 的主要功能如下。

① UPEUe 用于将-48V DC 输入电源转换为+12V 直流电源，提供 2 路 RS-485 信号接口和 8 路开关量信号接口。

② UPEUg 支持-48V DC 输入电源，并为 BBU 内业务单板和风扇供电。

③ UPEUh 支持 110V/220V AC 输入电源，并为 BBU 内业务单板和风扇供电。

单块 UPEUe 单板的输出功率为 1100W。当使用 2 块 UPEUe 并采用均流模式时，输出功率为 2000W。当使用 2 块 UPEUe 并采用冗余备份模式时，输出功率为 1100W。UPEUg 和 UPEUh 单板的输出功率均为 880W。

UPEUe 可以提供 1 路电源输入接口、2 路 RS-485 信号接口和 8 路开关量信号接口。UPEUe 单板接口如表 2-24 所示。

表 2-24　UPEUe 单板接口

面板标识	连接器类型	说明
-48V；30A	HDEPC 连接器	-48V 直流电源输入；最大电流为 30A
EXT-ALM0	RJ45 连接器	0~3 号开关量信号输入端口
EXT-ALM1	RJ45 连接器	4~7 号开关量信号输入端口
MON0	RJ45 连接器	0 号 RS-485 信号输入端口
MON1	RJ45 连接器	1 号 RS-485 信号输入端口

UPEUg 和 UPEUh 面板上各提供 1 路电源输入接口，其接口如表 2-25 所示。

表 2-25　UPEUg 和 UPEUh 单板接口

单板名称	面板标识	连接器类型	说明
UPEUg	-48V；30A	HDEPC 连接器	-48V 直流电源输入；最大电流为 30A
UPEUh	L N PE	AC-EPC1 连接器	110V/220V 交流电源输入。L 表示相线，N 表示中性线，PE 表示地线

风扇模块有 FANf 和 FANh 两种。FANf 用于 BBU5900，FANh 用于 BBU5900A。FANf 外观示意如图 2-24 所示。

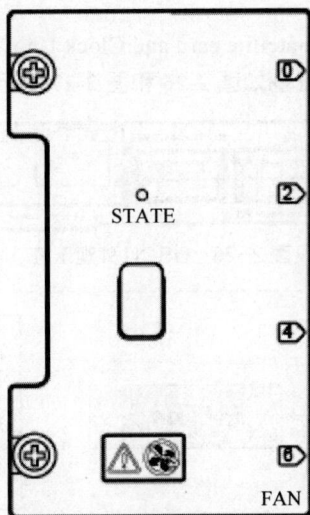

图 2-24　FANf 外观示意

FANf 的主要功能如下。

① 为 BBU 内其他单板提供散热功能。

② 控制风扇转速和监控风扇温度，并向主控板上报风扇状态、风扇温度值和风扇在位信号。

③ 支持电子标签读写功能。

FANh 为外循环风扇盒，为 BBU5900A 提供强制通风散热功能。FANh 位于 BBU5900A 底部，FANh 在 BBU5900A 上的位置和外观示意如图 2-25 所示。

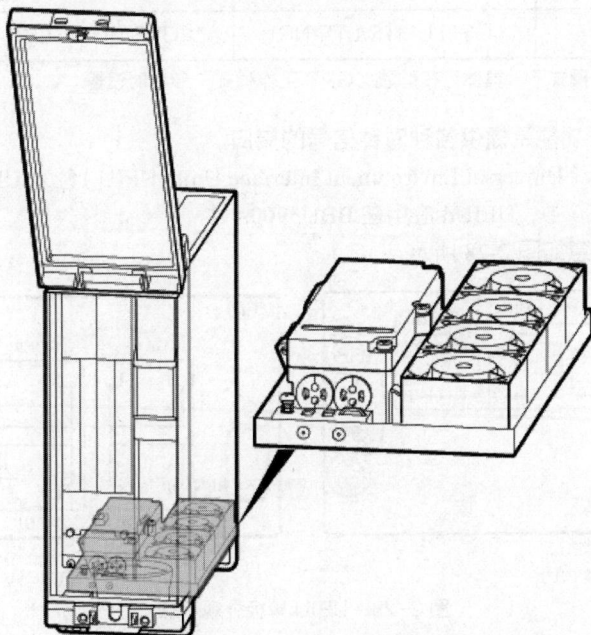

图 2-25　FANh 在 BBU5900A 上的位置和外观示意

FANh 的主要功能如下。

① 控制风扇转速和监控风扇温度，并向主控板上报风扇状态、风扇温度值。

② 支持电子标签读写功能。

通用星卡时钟单板（Universal Satellite card and Clock Unit，USCU）为 BBU 提供时钟信号。USCU 单板的外观示意和原理示意分别如图 2-26 和图 2-27 所示。

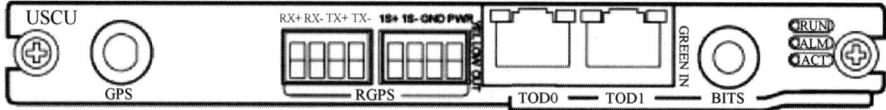

图 2-26　USCU 外观示意

图 2-27　USCU 单板原理示意

USCU 单板规格如表 2-26 所示。

表 2-26　USCU 单板规格

单板名称	支持的制式	星卡工作模式
USCUb11	GSM/UMTS/LTE/NR	无
USCUb14/USCUb16	GSM/UMTS/LTE/NR	GPS
USCUb18	GSM/UMTS/LTE/NR	GPS/BDS/GLONASS/Galileo/多模*

*：多模星卡可工作在多种模式下，具体可在配置"GPS 工作模式"参数时设置。

USCU 单板的主要功能是提供各种时钟信号的接口。

通用环境接口单板（Universal Environment Interface Unit，UEIU）分为 UEIUb 和 UEIUd 两种。UEIUb 应用在 BBU5900 中，UEIUd 应用在 BBU5900A 中。

UEIU 单板外观示意如图 2-28 所示。

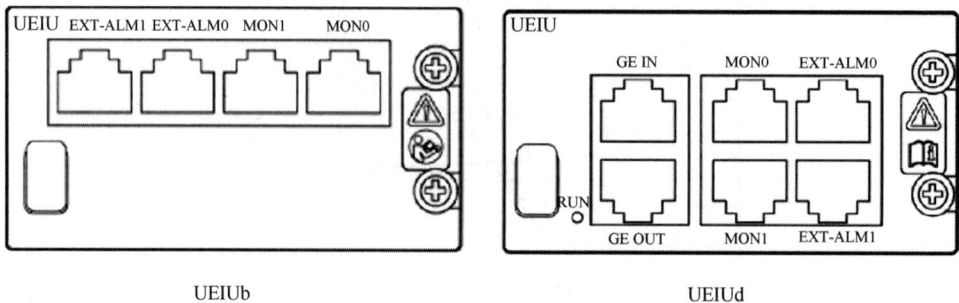

UEIUb　　　　　　　　　　　　　　　　UEIUd

图 2-28　UEIU 单板外观示意

UEIUb 原理示意如图 2-29 所示。

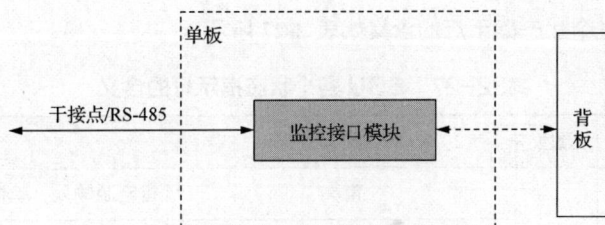

图 2-29 UEIUb 原理示意

UEIUd 原理示意如图 2-30 所示。

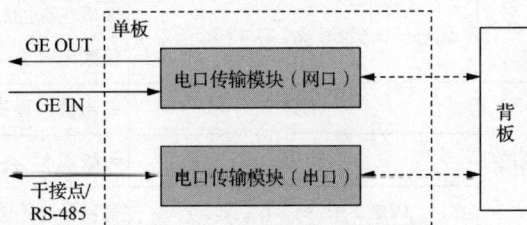

图 2-30 UEIUd 原理示意

UEIU 单板的主要功能如下。

① 提供 2 路 RS-485 信号接口和 8 路开关量信号接口，开关量输入只支持干接点和 OC 输入。

② 将环境监控设备信息和告警信息上报给主控板。

③ UEIUd 支持兼容以太网电口防雷特性。

4. 指示灯

BBU 单板指示灯用于指示 BBU 单板的运行状态、接口链路状态和工作制式等。单板指示灯包括状态指示灯、接口指示灯和制式指示灯 3 类。状态指示灯用于指示 BBU 单板的运行状态，接口指示灯用于指示 BBU 单板接口链路状态，而制式指示灯用于指示 BBU 单板工作的制式。

下面以 BBU5900 为例，分别对上述 3 类指示灯进行介绍。

BBU 状态指示灯位置示意如图 2-31 所示。

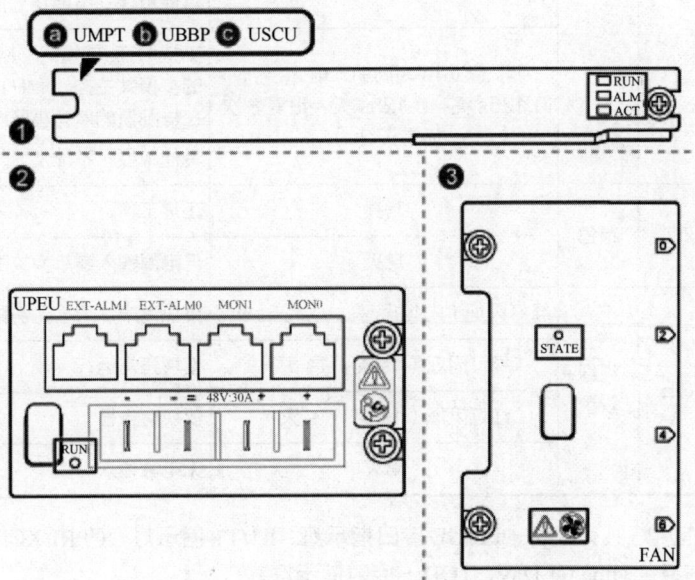

图 2-31 BBU 状态指示灯位置示意

图 2-31 中 BBU 各个状态指示灯的含义如表 2-27 所示。

表 2-27　BBU 各个状态指示灯的含义

图例	面板标识	颜色	状态	说明
图 2-31①	RUN	绿色	常亮	有电源输入，单板存在故障
			常灭	无电源输入或单板处于故障状态
			闪烁（1s 亮，1s 灭）	单板正常运行
			闪烁（0.125s 亮，0.125s 灭）	单板正在加载软件或数据配置。 单板未开工
	ALM	红色	常亮	有告警，需要更换单板
			常灭	无故障
			闪烁（1s 亮，1s 灭）	有告警，不能确定是否需要更换单板
	ACT	绿色	常亮	主控板：主用状态。 非主控板：单板处于激活状态，正在提供服务
			常灭	主控板：非主用状态。 非主控板：单板没有激活或单板没有提供服务
			闪烁（0.125s 亮，0.125s 灭）	主控板：操作维护链路断链。 非主控板：不涉及
			闪烁（1s 亮，1s 灭）	支持 UMTS 单模的 UMPT、含 UMTS 制式的多模共主控 UMPT：测试状态。 其他单板：不涉及
			闪烁（以 4s 为周期，前 2s 内，0.125s 亮，0.125s 灭，重复 8 次后常灭 2s）	支持 LTE 单模的 UMPT、含 LTE 制式的多模共主控 UMPT：未激活该单板所在框配置的所有小区 S1 链路异常。 其他单板：不涉及
图 2-31②	RUN	绿色	常亮	正常工作
			常灭	无电源输入或单板故障
图 2-31③	STATE	红绿双色	绿灯闪烁（0.125s 亮，0.125s 灭）	模块尚未注册，无告警
			绿灯闪烁（1s 亮，1s 灭）	模块正常运行
			红灯闪烁（1s 亮，1s 灭）	模块有告警
			常灭	无电源输入

BBU 的接口指示灯共有 5 种：FE/GE 接口指示灯、E1/T1 指示灯、CPRI/XCI 指示灯、互联接口指示灯和时间信息（Time Of Day，TOD）接口指示灯。

FE/GE 的接口指示灯位于主控板上，分布在 FE/GE 电口或 FE/GE 光口的两侧或接口上方，包括 LINK 指示灯、ACT 指示灯和 TX/RX 指示灯。LINK 和 ACT 指示灯在面板上无丝印标识，TX/RX 指示灯在面板上有丝印标识，其位置示意如图 2-32 所示。

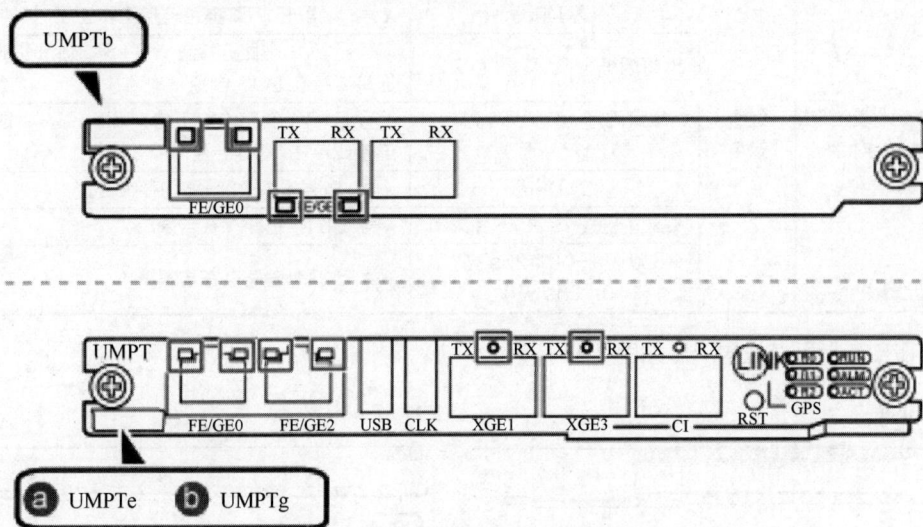

图 2-32　FE/GE 接口指示灯的位置示意

FE/GE 接口指示灯的含义如表 2-28 所示。

表 2-28　FE/GE 接口指示灯的含义

面板标识	颜色	状态	含义
LINK	绿色	常亮	连接成功
		常灭	没有连接
ACT	橙色	闪烁	有数据收发
		常灭	无数据收发
TX RX	红绿双色	绿灯常亮	以太网链路正常
		红灯常亮	光模块收发异常
		红灯闪烁（1s 亮，1s 灭）	以太网协商异常
		常灭	SFP 模块不在位或者光模块电源下电

E1/T1 接口指示灯位于 E1/T1 接口旁边，其位置示意如图 2-33 所示。

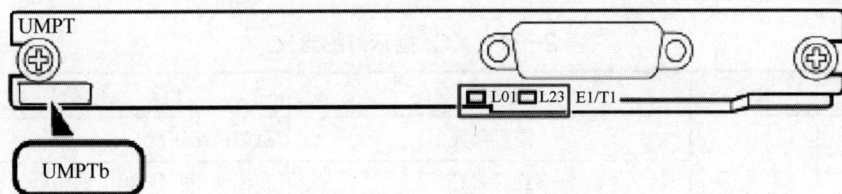

图 2-33　E1/T1 接口指示灯的位置示意

E1/T1 接口指示灯的含义如表 2-29 所示。

表 2-29　E1/T1 接口指示灯的含义

面板标识	颜色	状态	含义
L*xy*(*x*、*y* 代表丝印上的数字)	红绿双色	常灭	*x* 号、*y* 号 E1/T1 链路未连接或存在 LOS 告警
		绿灯常亮	*x* 号、*y* 号 E1/T1 链路连接工作正常
		绿灯闪烁（1s 亮，1s 灭）	*x* 号 E1/T1 链路连接正常，*y* 号 E1/T1 链路未连接或存在 LOS 告警
		绿灯闪烁（0.125s 亮，0.125s 灭）	*y* 号 E1/T1 链路连接正常，*x* 号 E1/T1 链路未连接或存在 LOS 告警
		红灯常亮	*x* 号、*y* 号 E1/T1 链路均存在告警
		红灯闪烁（1s 亮，1s 灭）	*x* 号 E1/T1 链路存在告警
		红灯闪烁（0.125s 亮，0.125s 灭）	*y* 号 E1/T1 链路存在告警

CPRI/XCI 指示灯位置示意如图 2-34 所示。

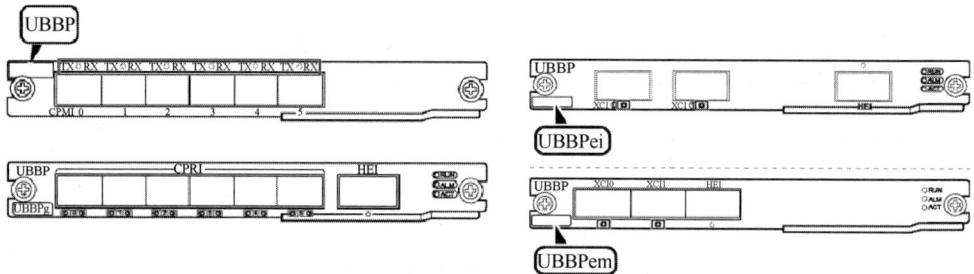

图 2-34　CPRI/XCI 指示灯的位置示意

CPRI 指示灯的含义如表 2-30 所示，XCI 指示灯的含义如表 2-31 所示。

表 2-30　CPRI 指示灯的含义

面板标识	颜色	状态	含义
TX RX	红绿双色	绿灯常亮	CPRI 链路正常
		红灯常亮	光模块收发异常，可能原因：光模块故障或者光纤折断
		红灯闪烁（0.125s 亮，0.125s 灭）	CPRI 链路上的射频模块存在硬件故障
		红灯闪烁（1s 亮，1s 灭）	CPRI 失锁，可能原因：双模时钟互锁失败，或者 CPRI 速率不匹配
		常灭	光模块不在位；CPRI 电缆未连接

表 2-31　XCI 指示灯的含义

面板标识	颜色	状态	含义
TX RX	红绿双色	绿灯常亮	互联链路正常
		红灯常亮	光模块收发异常
		红灯闪烁（0.125s 亮，0.125s 灭）	互联链路失锁
		红灯闪烁（1s 亮，1s 灭）	光模块不在位

互联接口指示灯位于互联接口上方或下方，其位置示意如图 2-35 所示。

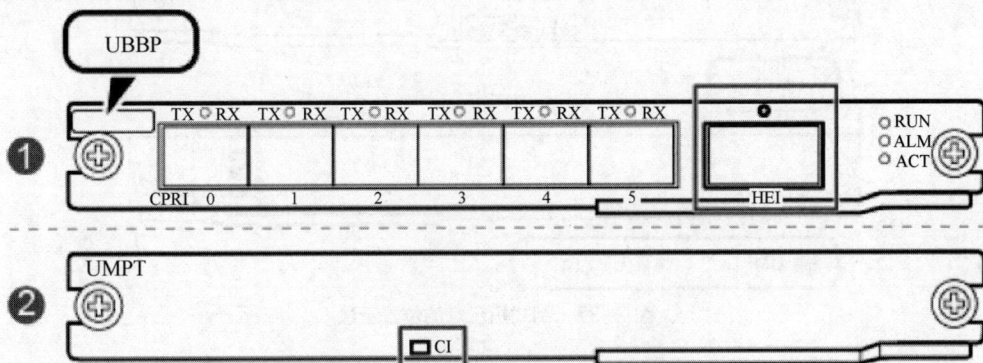

图 2-35　互联接口指示灯的位置示意

互联接口指示灯的含义如表 2-32 所示。

表 2-32　互联接口指示灯的含义

图例	面板标识	颜色	状态	含义
图 2-35①	HEI	红绿双色	绿灯常亮	互联链路正常
			红灯常亮	光模块收发异常，可能原因：光模块故障或者光纤折断
			红灯闪烁（1s 亮，1s 灭）	互联链路失锁，可能原因：互联的两个 BBU 之间时钟互锁失败，或者 QSFP 接口速率不匹配
			常灭	光模块不在位
图 2-35②	CI	红绿双色	绿灯常亮	互联链路正常

TOD 接口指示灯位于 USCU 单板上的 TOD 接口两侧，其位置示意如图 2-36 所示。

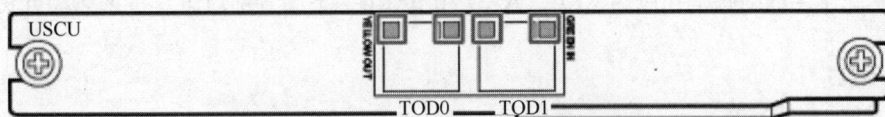

图 2-36　TOD 接口指示灯的位置示意

TOD 接口指示灯的含义如表 2-33 所示。

表 2-33　TOD 接口指示灯的含义

面板标识	颜色	状态	含义
TOD*n*（*n* 表示接口丝印上的数字）	绿色	常亮	接口配置为输入
	橙色	常亮	接口配置为输出

制式指示灯用于指示 BBU 单板工作的制式，其位置示意如图 2-37 所示。

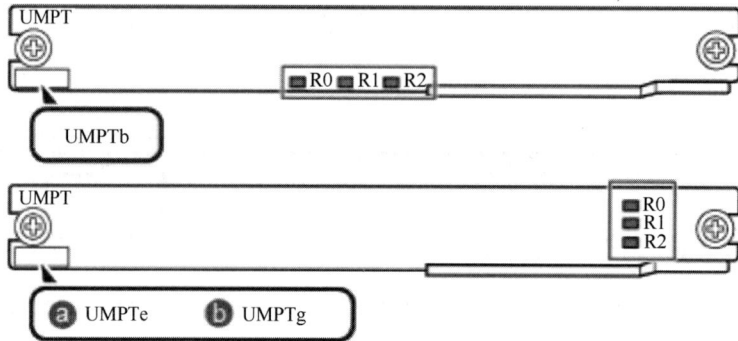

图 2-37　制式指示灯的位置示意

制式指示灯的含义如表 2-34 所示。

表 2-34　制式指示灯的含义

面板标识	颜色	状态	含义
R0	红绿双色	常灭	单板没有工作在 GSM 制式
		绿灯常亮	单板工作在 GSM 制式
		绿灯闪烁（1s 亮，1s 灭）	单板工作在 NR 制式
		绿灯闪烁（0.125s 亮，0.125s 灭）	单板同时工作在 GSM 和 NR 制式
R1	红绿双色	常灭	单板没有工作在 UMTS 制式
		绿灯常亮	单板工作在 UMTS 制式
R2	红绿双色	常灭	单板没有工作在 LTE 制式
		绿灯常亮	单板工作在 LTE 制式

2.2.2　射频单元

5G 基站常用的射频单元包括 RRU、AAU 和 pRRU。下面分别对这 3 种射频单元进行详细介绍。

1. RRU

（1）RRU 整体介绍

RRU 主要应用于分布式基站和室外宏站。RRU 的主要功能如下。

① 接收 BBU 发送的下行基带数据，并向 BBU 发送上行基带数据，实现与 BBU 的通信。

② 通过天馈系统接收射频信号，将接收信号下变频至中频信号，并进行放大处理、模/数转换（A/D 转换）；发射通道完成下行信号滤波、数/模转换（D/A 转换）、射频信号上变频至发射频段。

③ 提供射频通道接收信号和发射信号复用功能，可使接收信号与发射信号共用一个天线通道，并提供接收信号和发射信号滤波功能。

④ 可以配套外部监控设备，将外部监控信号传输到 RRU 内部，完成信息的监控上报。

RRU 采用模块化设计，根据功能分为 CPRI 处理、供电处理、发送/接收处理模块（TRX）、功率放大器（Power Amplifier，PA）、低噪声放大器（Low Noise Amplifier，LNA）和双工器。RRU 逻辑结构如图 2-38 所示。

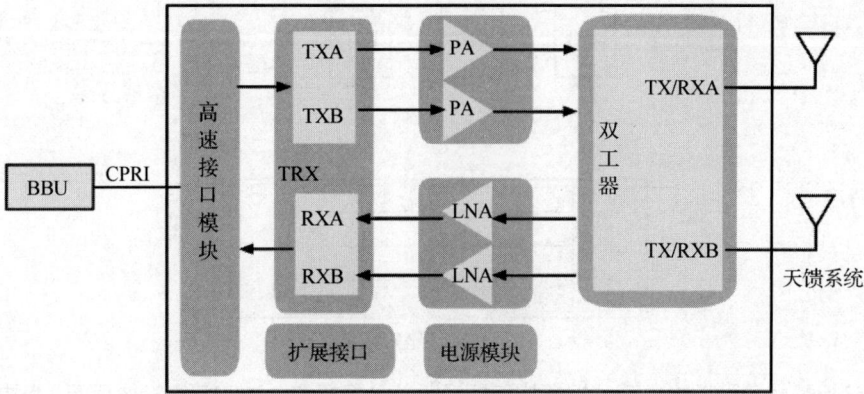

图 2-38　RRU 逻辑结构

图 2-38 中主要模块的功能介绍如下。

① 高速接口模块：负责接收 BBU 发送的下行基带数据，并向 BBU 发送上行基带数据，实现 RRU 与 BBU 的通信。

② 电源模块：负责将输入-48V 电源电压转换为 RRU 各模块需要的电源电压。

③ TRX：包括两路上行射频接收通道、两路下行射频发射通道和一路反馈通道。接收通道将接收信号下变频至中频信号，并进行放大处理、A/D 转换。发射通道完成下行信号滤波、D/A 转换、射频信号上变频至发射频段。反馈通道协助完成下行功率控制、驻波测量等功能。

④ PA：负责对来自 TRX 的小功率射频信号进行放大。

⑤ LNA：负责对来自天线的接收信号进行放大。

⑥ 双工器：提供射频通道接收信号和发射信号复用功能，可使接收信号与发射信号共用一个天线通道，并提供接收信号和发射信号滤波功能。

⑦ 扩展接口：通常用作远程电调天线（Remote Electrical Tilt，RET）接口，用于传输电调天线控制信号，控制天线下倾角。

BBU 和 RRU 之间的组网拓扑结构有星形拓扑、链形拓扑、负荷分担拓扑和环形拓扑。

星形拓扑如图 2-39 所示。在星形拓扑中，每个 RRU 都单独和 BBU 单线连接，RRU 的 CPRI 只被占用 1 个。

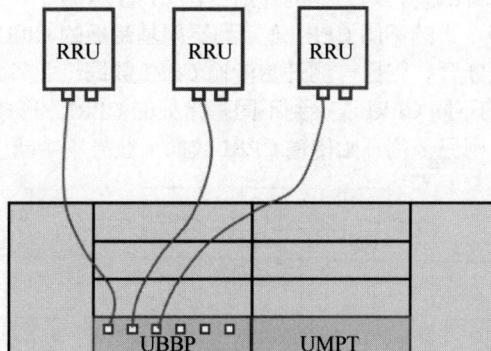

图 2-39　星形拓扑

链形拓扑如图 2-40 所示。在链形拓扑中，多个 RRU 通过级联方式和 BBU 单线连接，除了末级，每个 RRU 的 CPRI 被占用 2 个。

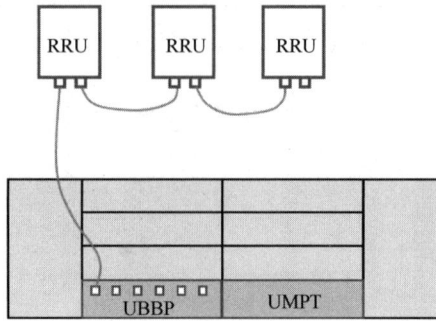

图 2-40　链形拓扑

　　负荷分担拓扑分为板内负荷分担拓扑和板间负荷分担拓扑 2 种，如图 2-41 所示。板内负荷分担拓扑中，RRU 通过双线和 BBU 连接，RRU 的 2 个 CPRI 连接到 BBU 的同一块基带板，2 个 CPRI 光纤共同传输业务数据。板间负荷分担拓扑中，RRU 通过双线和 BBU 连接，RRU 的 2 个 CPRI 连接到 BBU 的不同基带板，2 个 CPRI 光纤共同传输业务数据。2 种负荷分担拓扑都有利于使用较低带宽的 CPRI 光模块开通较高规格的小区，但板间负荷分担拓扑存在基带板冗余，可靠性更高。

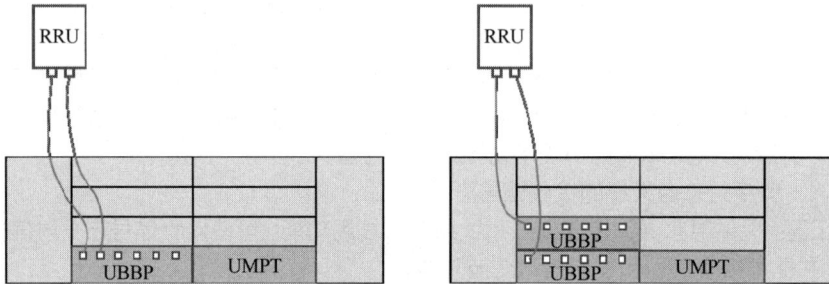

板内负荷分担拓扑　　　　　　　　　板内负荷分担拓扑

图 2-41　负荷分担拓扑

　　环形拓扑有板内冷备份、板间冷备份、热备份 3 种方式，如图 2-42 所示。板内冷备份环形拓扑中，RRU（1 个或多个）的不同 CPRI 连接到同一块基带板的不同 CPRI，形成环形，配置为冷备份后，若一侧的 CPRI 光纤断开，则另一侧开始传输 CPRI 数据（业务会中断）。板间冷备份环形拓扑中，RRU（1 个或多个）的不同 CPRI 连接到不同基带板的 CPRI，形成环形，配置为冷备份后，若一侧的 CPRI 光纤断开，则另一侧开始传输 CPRI 数据（业务会中断）。热备份环形拓扑中，RRU（只能有 1 个）的不同 CPRI 连接到不同基带板的 CPRI，形成环形，配置为热备份后，若一侧的 CPRI 光纤断开，则另一侧开始传输 CPRI 数据（业务不中断）。

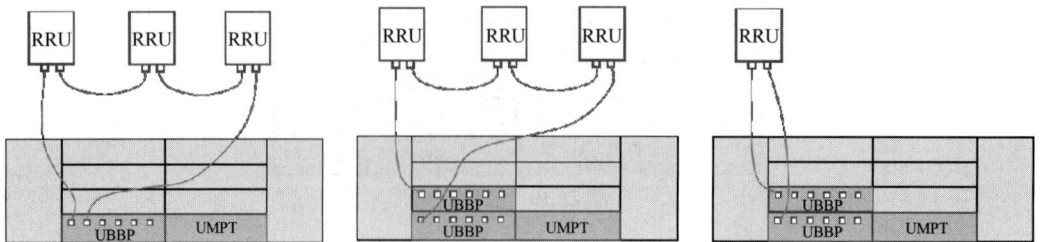

板内冷备份环形拓扑　　　　　板间冷备份环形拓扑　　　　　　　热备份环形拓扑

图 2-42　环形拓扑

（2）RRU5258 产品外观和整机规格

RRU5258 的物理尺寸为 480mm×140mm×356mm（高×宽×深），其外观示意如图 2-43 所示。

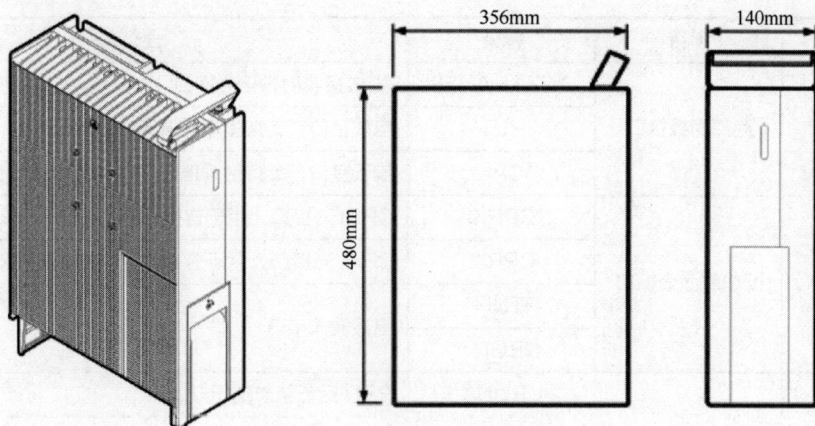

图 2-43　RRU5258 外观示意

RRU 作为射频单元，需要使用光纤、光模块连接 BBU 上基带板的 CPRI，以完成上下行基带数据的传输；RRU 通过馈线连接到天线，以完成上下行的射频信号的收发；此外，RRU 还提供电调接口以传输电调天线的控制信号。RRU 工作时存在多种状态，为方便维护人员及时观察，RRU 的外部安装了各种指示灯，通过指示灯不同颜色、不同频率的光闪烁来显示 RRU 的各种状态。RRU5258 接口和指示灯示意如图 2-44 所示。

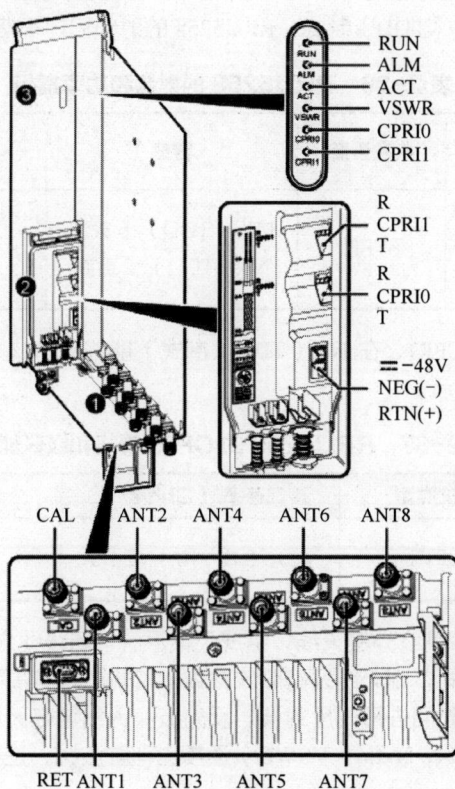

图 2-44　RRU5258 接口和指示灯示意

图 2-44 中 RRU5258 各接口和指示灯的含义如表 2-35 所示。

表 2-35　RRU5258 各接口和指示灯的含义

图例	项目	标识	含义
图 2-44①	底部面板接口	ANT1～ANT8	发送/接收射频信号接口
		RET	电调接口，支持传输电调天线控制信号
		CAL	校正接口，支持射频信号和电调天线控制信号
图 2-44②	配线腔面板接口	CPRI0	CPRI 光接口，用于连接 BBU 或级联 RRU
		CPRI1	CPRI 光接口，用于连接 BBU 或级联 RRU
		RTN(+)	电源输入接口
		NEG(-)	
图 2-44③	指示灯	RUN	RRU 运行状态指示灯
		ALM	硬件告警指示灯
		ACT	发射通道状态指示灯
		VSWR	驻波比指示灯
		CPRI0	CPRI 状态指示灯
		CPRI1	

RRU5258 支持 n41 频段（频段为 2496～2690MHz），收发模式为 8 路发射/8 路接收（8T8R），同时支持 LTE（TDD）和 NR（TDD）制式。RRU5258 的射频和功率指标如表 2-36 所示。

表 2-36　RRU5258 的射频和功率指标

协议频段	频段范围/MHz	收发通道	容量	支持的制式	最大输出功率
Band 41/n41	2496～2690	8T8R	LTE（TDD）：6 载波 NR（TDD）：2 载波	LTE(TDD)、 NR(TDD)、 TN(TDD)	8×40W

RRU5258 提供了 2 个 CPRI，在 NR（TDD）制式下能够支持 2 级级联。RRU5258 的 CPRI 规格和级联能力如表 2-37 所示。

表 2-37　RRU5258 的 CPRI 规格和级联能力

CPRI 数量	协议类型	接口速率/（Gbit/s^{-1}）	级联能力
2	CPRI	4.9、9.8、10.1、24.3	LTE(TDD)：不支持级联 NR(TDD)：2 级级联

RRU 通常需要通过馈线/跳线外接天线，组成天馈系统。若线缆之间或线缆与 RRU 之间、线缆与天线连接处两端阻抗不同，则天线只能吸收馈线上传输的部分高频能量，而不能全部吸收，未被吸收的那部分能量将反射回去形成反射波。反射波和入射波在天馈系统汇合产生驻波。电压驻波比（Voltage Standing Wave Ratio，VSWR）通常也称驻波比，是一个用来衡量驻波大小的参数。其计算公式如下。

$$VSWR = \left(P_{out} + P_{in}\right) / \left(P_{out} - P_{in}\right)$$

式中，P_{in} 表示入射波功率，P_{out} 表示反射波功率。如果 VSWR 的值等于 1，则表示发射端传输给天线的电波没有任何反射，全部发射出去，这是最理想的情况。如果 VSWR 值大于 1，则表示有一部分电波被反射回来，最终变成热量，使得馈线升温。被反射的电波在发射台输出口也可产生相当高的电压，有可能损坏发射台。一般情况下，驻波比的工程要求是 $VSWR \leqslant 1.5$。

（3）RRU 相关线缆

连接 RRU 的线缆主要包括保护地线、电源线、AISG 多芯线、CPRI 光纤及射频跳线。RRU 保护地线如图 2-45 所示，用于连接 RRU 模块与接地排，保证 RRU 模块良好接地。保护地线最大长度为 8m。

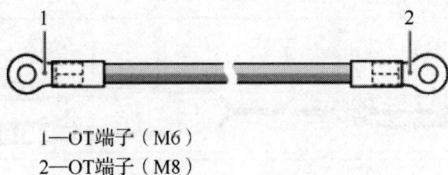

1—OT端子（M6）
2—OT端子（M8）

图 2-45　RRU 保护地线

RRU 的电源线为-48V 直流屏蔽电源线，用于将外部的-48V 直流电源引入 RRU，为 RRU 提供工作电源。RRU 电源线支持快速安装，配有压接型和免螺钉型两种母端连接器。RRU 电源线如图 2-46 所示。

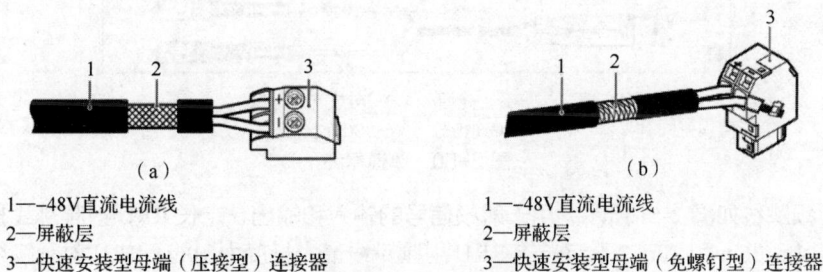

（a）

1—-48V直流电流线
2—屏蔽层
3—快速安装型母端（压接型）连接器

（b）

1—-48V直流电流线
2—屏蔽层
3—快速安装型母端（免螺钉型）连接器

图 2-46　RRU 电源线

AISG 多芯线如图 2-47 所示，用于直接连接 RRU 和远程控制单元（Remote Control Unit，RCU），传输基站对电调天线的控制信号。该线缆在 RRU 连接电调天线时配置，用于传输 RS-485 信号。AISG 多芯线长度有 5m、10m 和 20m。

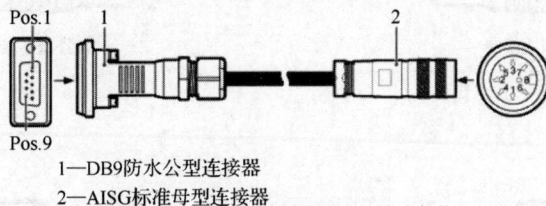

Pos.1
Pos.9

1—DB9防水公型连接器
2—AISG标准母型连接器

图 2-47　AISG 多芯线

CPRI 光纤分为多模光纤和单模光纤，用于传输 CPRI 信号。多模光纤如图 2-48 所示，用于 BBU 与 RRU 连接或 RRU 互联这两种情况。单模光纤可以用于 BBU 与 RRU 连接或 RRU 互联（即作为单模直连光纤，如图 2-49 所示），也可以作为连接 ODF 与 BBU/RRU 的单模尾纤，如图 2-50 所示。

1—DLC连接器
2—分支光纤
3—分支光纤标签

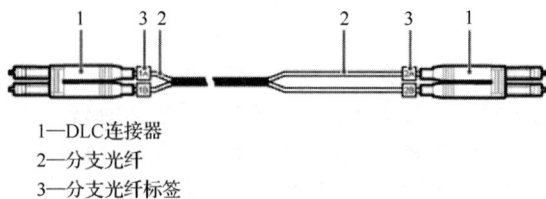

图 2-48　多模光纤

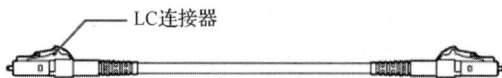

图 2-49　单模直连光纤

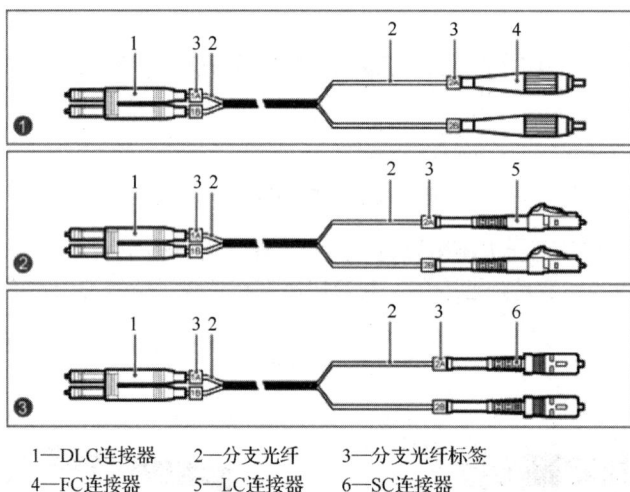

1—DLC连接器　　2—分支光纤　　3—分支光纤标签
4—FC连接器　　5—LC连接器　　6—SC连接器

图 2-50　单模尾纤

　　RRU 射频跳线如图 2-51 所示，用于射频信号的输入和输出。定长 RRU 射频跳线长度规格分为 2m、3m、4m、6m 和 10m。不定长的 RRU 射频跳线最大长度为 10m。RRU 射频跳线两端的连接器可以都为 N 公型连接器，如图 2-51（a）所示，也可以一端为 4.3-10 公型连接器，另一端为根据现场需求制作的连接器（4.3-10 公型连接器或 N 公型连接器），如图 2-51（b）所示。

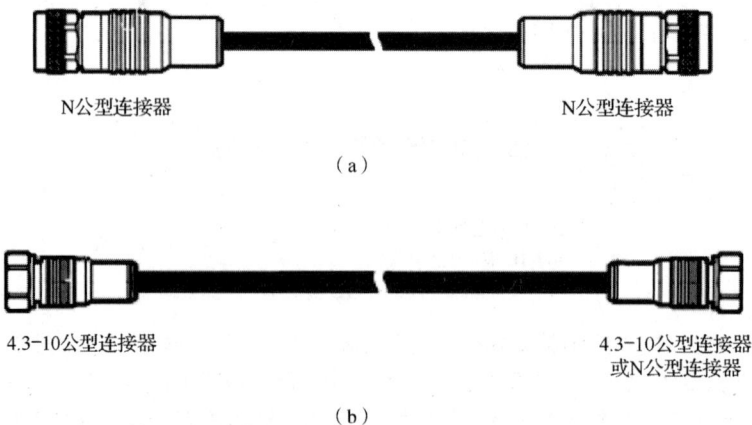

N公型连接器　　　　　　　　　　　　　　　　N公型连接器

（a）

4.3-10公型连接器　　　　　　　　　　　　　4.3-10公型连接器
　　　　　　　　　　　　　　　　　　　　　或N公型连接器

（b）

图 2-51　RRU 射频跳线

2. AAU

（1）AAU 整体介绍

随着无线通信的发展，基站数量越来越多，在共建共享、节约资源的大环境下，多运营商、多制式共用天面成为主流趋势，部分热点区域站点天面资源极其紧张。为了在有限的天面空间部署更多天线，AAU 诞生了。

AAU 将射频单元（即 RU）和天线单元（即 AU）集成到一个外壳中。早期的 AAU 尺寸和普通天线的相似。随着技术的发展，AAU 中的阵子数量越来越多，形成大规模的天线阵列，逐渐演进成为了支持 Massive MIMO 技术的高度集成有源天线形态。AAU 的功能与特点如下。

① 普通 AAU 和 RRU 整体功能相似，与 RRU 相比，AAU 集成度高、节约了天面空间。

② 支持大规模天线阵列（32T32R 或 64T64R）的 AAU，可以支持 Massive MIMO 技术。

AAU 是天线和射频单元集成一体化的模块，主要功能模块包括天线单元、射频单元、电源模块和物理层（L1 层）处理单元。AAU 逻辑结构如图 2-52 所示。

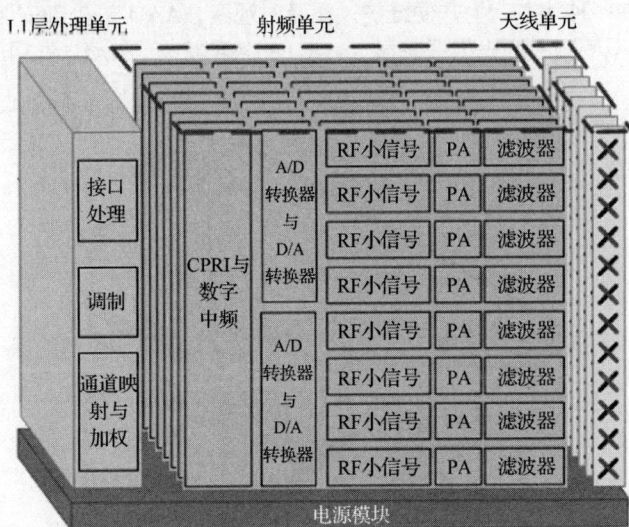

图 2-52　AAU 逻辑结构

图 2-52 所示的 AAU 结构中主要模块的功能介绍如下。

① 电源模块：用于向 AAU 提供工作电压。

② L1 层处理单元：提供 eCPRI，实现 eCPRI 信号的汇聚与分发；完成 5G NR 协议物理层上下行处理；完成下行通道 I/Q 调制、映射和加权。

③ 天线单元：天线采用 8×12 阵列，支持 96 个双极化阵子，完成无线电波的发射与接收。

④ 射频单元：接收通道对射频信号进行下变频、放大处理、模/数转换及数字中频处理；发射通道完成下行信号滤波、数/模转换、上变频处理、模拟信号放大处理；完成上下行射频通道相位校正；提供防护及滤波功能。

（2）AAU5613 产品外观和整机规格

与普通 AAU 相比，AAU5613 内部集成了大规模天线阵子，其尺寸、体积、质量都比普通 AAU 大很多，其物理尺寸为 795mm×395mm×220mm（高×宽×深），外观示意如图 2-53 所示。

AAU 使用光纤和光模块连接 BBU 上基带板的 CPRI（支持 CPRI 或 eCPRI 协议），以完成上下行基带数据的传输；与 RRU 不同的是，AAU 不需要再外接天线，可以通过内部集成的天线阵列直接完成射频信号的收发。由于不需要馈线外接天线，AAU 没有驻波现象，也不存在驻波比指标。

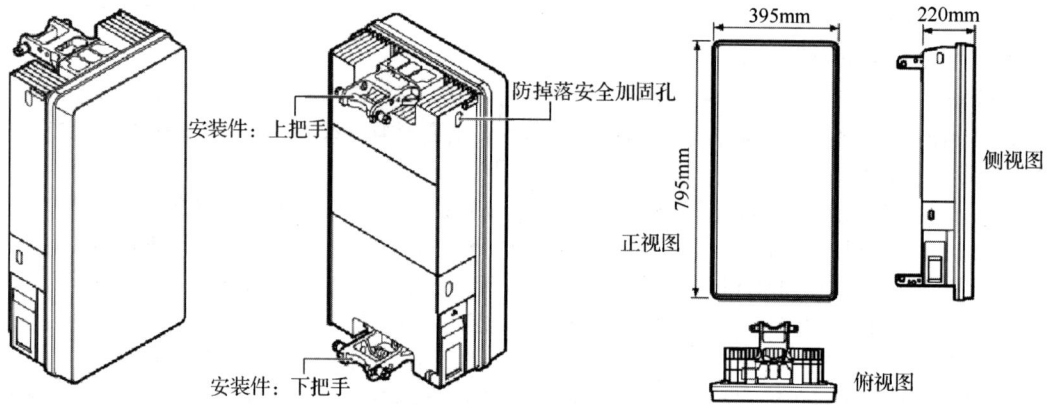

图 2-53　AAU5613 外观示意

　　AAU 工作时存在多种状态，为方便维护人员及时观察，AAU 的外部安装了各种指示灯，通过指示灯不同颜色、不同频率的光闪烁来显示 AAU 的各种状态。AAU5613 接口和指示灯示意如图 2-54 所示。

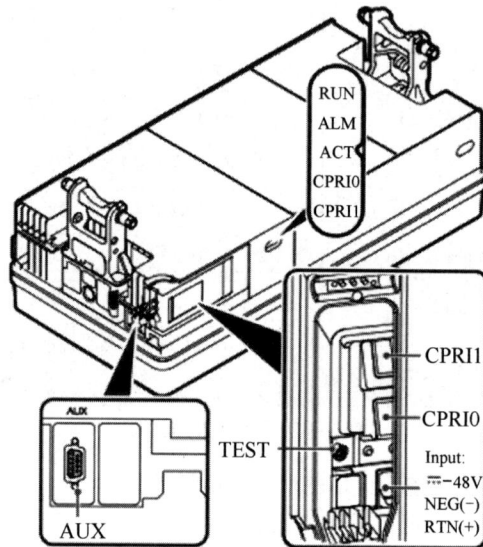

图 2-54　AAU5613 接口和指示灯示意

　　图 2-54 中 AAU5613 接口和指示灯的含义如表 2-38 所示。

表 2-38　AAU5613 接口和指示灯的含义

项目	标识	说明
底部面板	AUX	天线信息传感器单元（Antenna Information Sensor Unit，AISU）模块接口，承载 AISG 信号
配线腔面板	CPRI0	光纤接口，用于连接 BBU
	CPRI1	光纤接口，用于连接 BBU
	RTN(+)	电源输入接口
	NEG(−)	

项目	标识	说明
指示灯	RUN	RRU 运行状态指示灯
	ALM	硬件告警指示灯
	ACT	发射通道状态指示灯
	CPRI0	CPRI 状态指示灯
	CPRI1	

AAU5613 的射频和功率指标如表 2-39 所示。

表 2-39　AAU5613 的射频和功率指标

协议频段	频段范围 /MHz	收发通道	容量	支持的制式	最大输出 功率/W
Band 42/n78	3400~3600	64T64R	LTE(TDD)：6 载波。 NR(TDD)：2 载波。 TN：1 个 NR 载波+3 个 LTE 载波	LTE(TDD)、 NR(TDD)、 TN(TDD)	200

AAU5613 有 2 个 CPRI，支持 eCPRI 协议，接口速率为 10Gbit/s 或 25Gbit/s。需要注意的是，AAU5613 不支持级联。

BBU 和 AAU5613 之间支持的 CPRI 组网拓扑结构包括星形、负荷分担和环形。开通 64T64R 的小区（Sub 3G 频段，带宽为 100MHz）时，常见拓扑结构为星形，如图 2-55 所示。

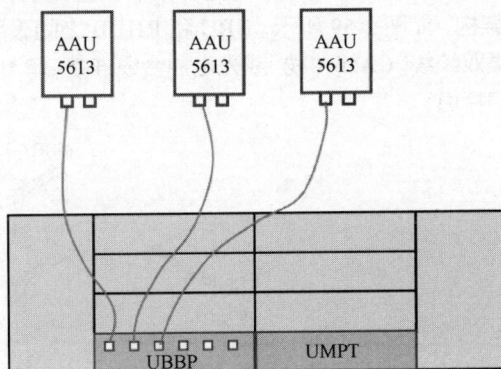

图 2-55　AAU5613 星形拓扑

（3）AAU 相关线缆

连接 AAU 的线缆主要包括保护地线、电源线和 CPRI 光纤。AAU 保护地线如图 2-56 所示，用于连接 AAU 与接地排，作为总接地线保证 AAU 的良好接地。

1—OT 端子（16mm², M6）

2—OT 端子（16mm², M8）

图 2-56　AAU 保护地线

AAU 电源线为-48V 直流屏蔽电源线，如图 2-57 所示，用于将外部的-48V 直流电源引入 AAU，为 AAU 提供工作电源。

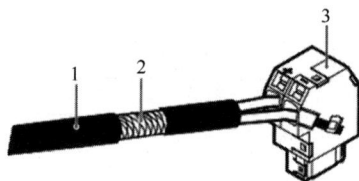

1——48V直流电流线
2—屏蔽层
3—快速安装型母端（免螺钉型）连接器

图 2-57　AAU 电源线

CPRI 光纤如图 2-58 所示，用于传输 eCPRI 信号，需配套 SFP 光模块使用。

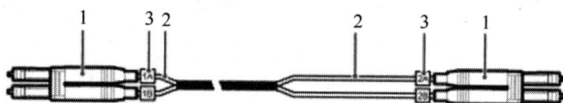

1—DLC连接器
2—分支光缆
3—分支光缆标签

图 2-58　CPRI 光纤

3. LampSite 站型以及 pRRU

（1）LampSite 站型介绍

LampSite 是华为推出的深度覆盖站型，主要应用于室内分布场景，该站型采用了 BBU-RHUB-pRRU 的组网架构，如图 2-59 所示。BBU 和 RHUB 之间采用 CPRI 光纤连接，RHUB 和 pRRU 之间可以采用六类双绞线（CAT6A 线）或光电混合缆连接，单 BBU 可连接大量的 pRRU，从而使该站型具有大容量的特点。

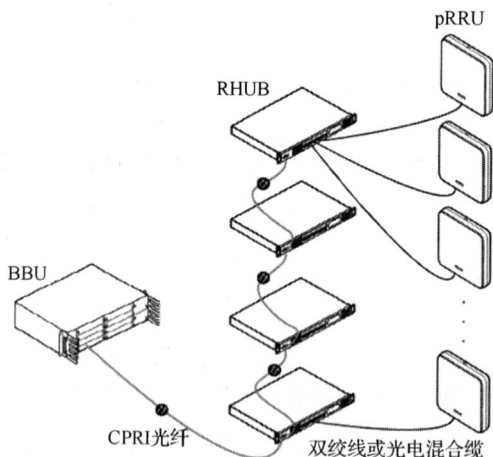

图 2-59　LampSite 站型示意

传统室内分布式基站中，一般每个 RRU 通过馈线连接大量的吸顶天线对室内进行覆盖，但天线是无源器件，因此网管无法对其进行监控；而 LampSite 站型中的天线内置在 pRRU 中，网管可以对 pRRU 进行监控，因此 LampSite 站型比传统室内分布式基站更易于维护。

图 2-59 中的 RHUB 是一款独立盒式设备，是 LampSite 站型中的射频汇聚单元，其主要功能

如下。

① RHUB 配合 BBU 及 pRRU 使用，用于支持室内覆盖。

② 接收 BBU 发送的下行数据并转发给各 pRRU，将多个 pRRU 的上行数据转发给 BBU。

③ 通过 DC 模块或内置 PoE 模块向 pRRU 供电。

④ RHUB 可以级联，基带板单光口最多级联 4 级 RHUB。

RHUB 按照接口线缆类型可以分为两种：网线接口 RHUB，一般简称电 RHUB，如 RHUB5961；光电混合缆接口 RHUB，一般简称光 RHUB，如 RHUB5963e。

RHUB5961 是一款网线接口 RHUB，通过 PoE 网线连接 pRRU，PoE 端口同时承担数据传输和供电功能。RHUB5961 功能模块如图 2-60 所示，主要包括高速接口模块、CPRI 数据处理单元和 PoE 供电单元。RHUB5961 支持自身最大 4 级级联，最多可以连接 8 个 pRRU。

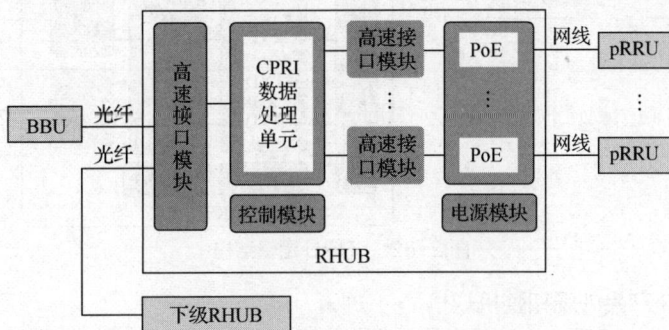

图 2-60　RHUB5961 功能模块

RHUB5963e 是一款光电混合缆接口 RHUB，通过光电混合缆连接 pRRU，其中，光纤承担数据传输功能，电源线承担供电功能。RHUB5963e 功能模块如图 2-61 所示，主要包括高速接口模块、CPRI 数据处理单元和 DC 供电单元。RHUB5963e 支持自身最大 4 级级联，最多可以连接 8 个 pRRU。

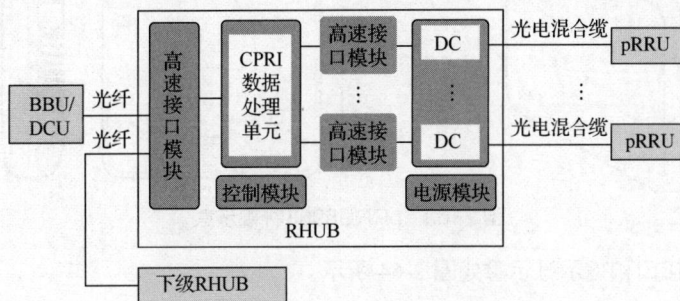

图 2-61　RHUB5963e 功能模块

（2）pRRU 整体介绍

pRRU 为 LampSite 站型中的微型射频拉远模块，应用于室内分布覆盖场景，可实现射频信号处理功能。pRRU 的主要功能如下。

① 将基带信号调制到发射频段，经滤波放大后，通过天线发射。

② 接收通道从天线接收射频信号，经滤波放大后，采用零中频技术将射频信号下变频，经模/数转换为数字信号后发送给 BBU 进行处理。

③ 通过光纤/网线传输 CPRI 数据。

④ 支持内置天线。

⑤ 支持通过 PoE/DC 供电。

99

⑥ 支持多频多模灵活配置。

pRRU 逻辑结构如图 2-62 所示，主要包括高速接口模块、四对收发单元（TXA～TXD，RXA～RXD）、四路射频功率放大器（Power Amplifier，PA）、四路低噪声放大器（Low Noise Amplifier，LNA）、四路开关和滤波器、控制模块、电源模块和天馈系统。

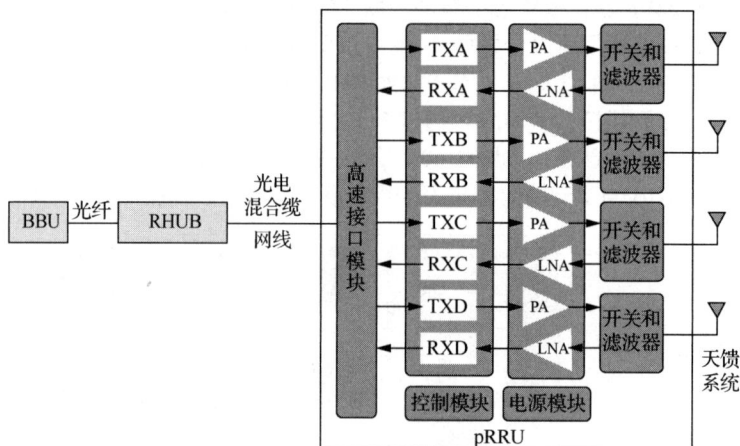

图 2-62　pRRU 逻辑结构

（3）pRRU5963 产品外观和整机规格

pRRU 体积较小，质量轻，便于安装在室内天花板上或墙体上，对室内进行信号覆盖，其物理尺寸为 200mm×200mm×40mm（高×宽×深），其外观示意如图 2-63 所示。

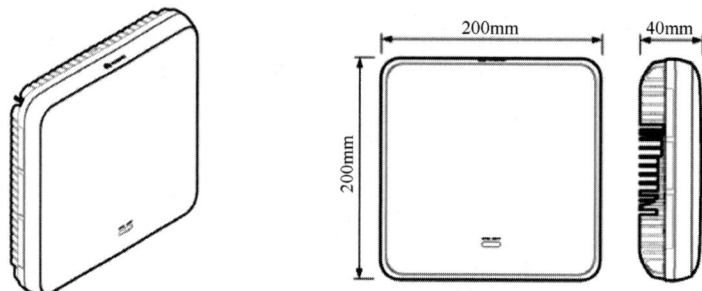

图 2-63　pRRU5963 外观示意

pRRU5963 的接口和指示灯示意如图 2-64 所示。

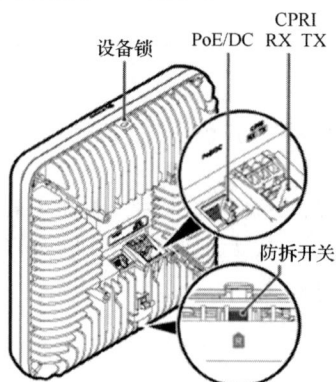

图 2-64　pRRU5963 的接口和指示灯示意

图 2-64 中 pRRU5963 接口和指示灯的含义如表 2-40 所示。

表 2-40　pRRU5963 接口和指示灯的含义

项目	标识	说明
接口	PoE/DC	PoE：与电 RHUB 连接的接口，用于传输电 RHUB 与 pRRU 间的数据，支持 PoE 供电。 DC：与光 RHUB 连接的接口，用于光 RHUB 与 pRRU 间的 DC 供电
	CPRI RX TX	与光 RHUB 连接的接口，用于传输光 RHUB 与 pRRU 间的数据
	设备锁	设备锁接口，用于保障 pRRU5963 的安全
	防拆开关	设备防拆开关，用于设备防拆
指示灯	3GPP	指示 pRRU 是否上电、是否正常工作、有无告警
	CPRI	指示 PoE/DC 电接口或 CPRI 光接口链路是否正常

pRRU5963 支持的协议频段为 n78，支持的频段范围为 3300～3600MHz，收发通道为 4T4R，容量为 2 载波，支持 NR(TDD)制式，最大输出功率为 4×500mW。pRRU 总体发射功率较小，因此在室内覆盖时，信号便于控制在较小范围内，一般适用于小范围大容量（用户比较密集）场景。

pRRU5963 的 CPRI 规格和级联、拉远能力如表 2-41 所示。

表 2-41　pRRU5963 的 CPRI 规格和级联、拉远能力

接口类型	CPRI数量	协议类型	接口速率/(Gbit/s)	支持的 CPRI组网结构	级联能力	拉远能力
RJ45	1	CPRI	1.2288、3.072、10.1376	星形	不支持级联	配套 CAT6A 及以上级别屏蔽网线连接，最大可以拉远 100m
光纤	1	CPRI	10.1376、24.33024	星形	不支持级联	配套光电混合缆连接，最大可以拉远 200m

（4）pRRU 相关线缆

连接 pRRU 的线缆主要包括网线和光电混合缆。网线连接 RHUB 与 pRRU，用于传输两者间的信号。网线连接 pRRU 的 PoE/DC 接口时也为 pRRU 提供输入电源。pRRU5963 仅支持直连网线，配套 CAT6A S/FTP 及以上级别屏蔽网线连接。CAT6A S/FTP 屏蔽型网线结构与外观示意如图 2-65 所示。

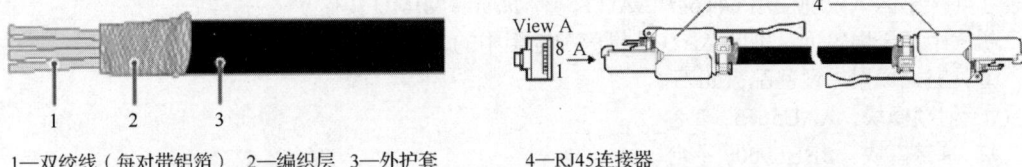

1—双绞线（每对带铝箔）　2—编织层　3—外护套　　　　4—RJ45连接器

CAT6A S/FTP屏蔽型网线结构　　　　　　　　　　　CAT6A S/FTP屏蔽型网线外观

图 2-65　CAT6A S/FTP 屏蔽型网线结构与外观示意

光电混合缆连接光电 RHUB 和 pRRU，用于传输两者间的信号和电源，其横截面和外观示意如图 2-66 所示。

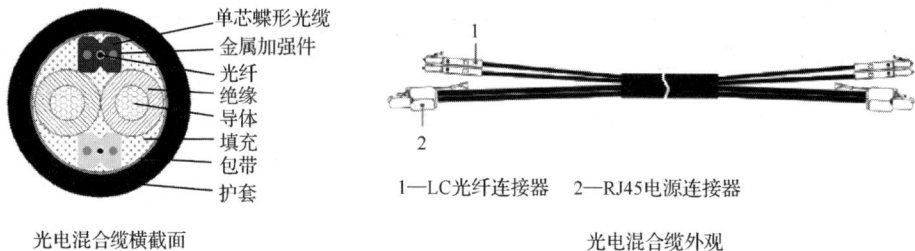

单芯蝶形光缆
金属加强件
光纤
绝缘
导体
填充
包带
护套

光电混合缆横截面

1—LC光纤连接器　　2—RJ45电源连接器

光电混合缆外观

图 2-66　光电混合缆横截面和外观示意

2.3　5G 无线基站设备典型配置

5G 无线基站的应用形式主要包括室外宏站场景和室分组网场景。室外宏站需要将设备安装在铁塔或者楼顶上，它主要负责室外信号的大范围连续覆盖，采用 Massive MIMO 技术提高频谱效率，以满足用户基本体验的需求。而室分组网场景主要针对室内热点扩容、盲点补充等需求，使用 LampSite 基站，采用超密集组网、毫米波通信等技术，以提高系统容量。

下面分别对典型的室外宏站组网场景和室分组网场景进行介绍。

2.3.1　室外宏站组网场景典型配置

室外宏站组网场景典型配置如图 2-67 所示。

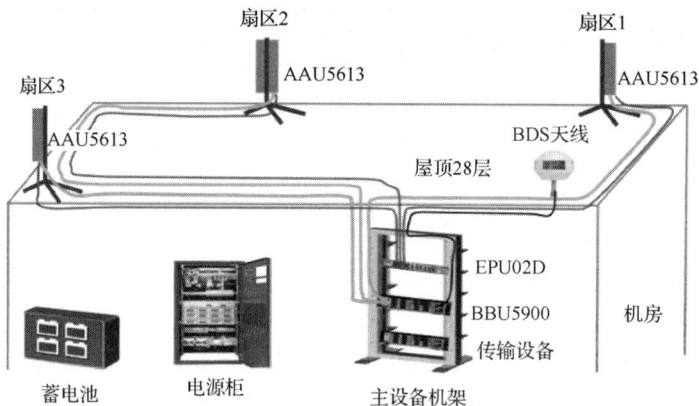

扇区2　　　　　　　　　　扇区1

扇区3

AAU5613　　　　　AAU5613　　　　　　AAU5613

BDS天线

屋顶28层

EPU02D

BBU5900

传输设备

机房

蓄电池　　　电源柜　　　主设备机架

图 2-67　室外宏站组网场景典型配置示意

观察图 2-67 可知，室外宏站组网场景中的站型为楼顶抱杆安装的室外宏站，机房在楼宇内，部署了 3 个扇区，分别使用 64T64R AAU 部署 Massive MIMO 小区。

机房距离天面较远，因此 AAU 从机房配电柜中的 EPU02D 上取电。

室外宏站场景主设备配置如下。

① 射频模块：AAU5613，3 台。

② 基带模块：BBU5900，1 台。

③ BBU 内配置 1 块基带板 UBBPg3、1 块主控板 UMPTg3、1 块风扇单板 FANf、1 块电源单板 UPEUe。

④ 时钟：使用北斗卫星导航系统（BeiDou satellite navigation System，BDS）获取的时钟信息。

⑤ CPRI 拓扑：星形。

该基站共设置 3 个扇区覆盖不同方位（0°、100°、250°），每个扇区开通 1 个 100MHz 带宽的 Massive MIMO NR TDD 小区，UBBPg3 支持 3 个 100MHz NR TDD 小区（64T64R），因此基站配置 1 块基带板即可。

该基站主设备连接示意如图 2-68 所示。3 台 AAU5613 设备用于覆盖 3 个扇区。AAU 通过光纤分别连接到 BBU5900 中的 UBBPg3 单板上。UMPTg3 单板连接北斗导航系统天线获取时钟信息，为基站提供定时功能。

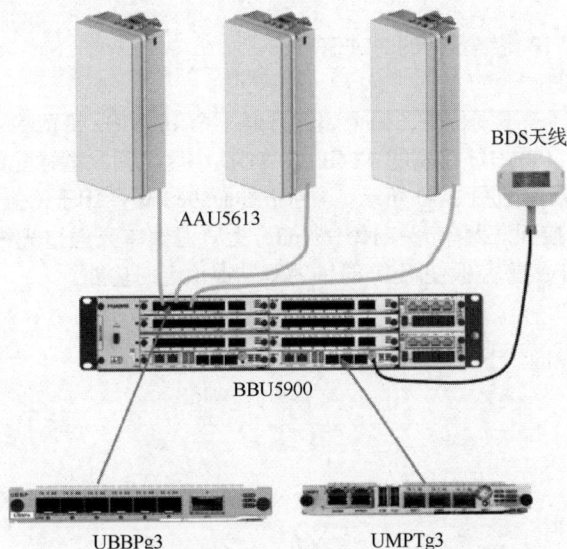

图 2-68　室外宏站组网场景基站主设备连接示意

2.3.2　室分组网场景典型配置

室分组网场景典型配置示意如图 2-69 所示。

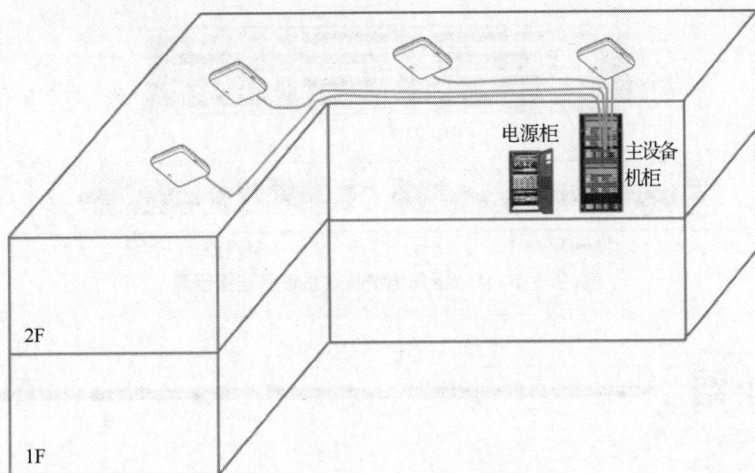

图 2-69　室分组网场景典型配置示意

观察图 2-69 可知，室分组网场景中的站型为楼宇内 LampSite 覆盖，机房在楼内第二层，部署了 1 个 RHUB 连接 4 个 pRRU，每个 pRRU 承载 1 个小区（100MHz，4T4R）。pRRU 和 RHUB 之间采用光电混合缆连接。电源柜向主设备机柜中的 DCDU 提供直流电，DCDU 向 BBU 及 RHUB 供电。

室分组网场景主设备配置如下。

① 射频模块：pRRU5963，4 台。

② 基带模块：BBU5900，1 台。

③ 汇聚单元：RHUB5963e，1 台。

④ BBU 内配置了 1 块基带板 UBBPg3、1 块主控板 UMPTg3、1 块风扇单板 FANf 和 1 块电源单板 UPEUe。

⑤ 时钟：使用通过 IP 网络获得的时钟信息。

⑥ CPRI 拓扑：星形。

该基站共 4 个扇区覆盖不同位置，每个扇区开通 1 个 100MHz 带宽的 4T4R NR TDD 小区，UBBPg3 最多支持 12 个 100MHz 带宽的 4T4R NR TDD 小区，因此基站配置 1 块基带板即可。

该基站主设备连接示意如图 2-70 所示。4 台 pRRU5963 设备用于覆盖 4 个室内小区。pRRU 通过光电混合缆分别连接到汇聚单元 RHUB5963e 上。汇聚单元通过光纤连接到 BBU5900 的 UBBPg3 单板上。UMPTg3 主控板使用 IP 时钟为基站提供定时功能。

图 2-70　室分组网场景基站主设备连接示意

📐 本章小结

本章主要介绍了 5G 无线基站产品。通过对本章的学习，读者应该能够掌握华为 5G 基站产品的结构和原理，熟悉华为 5G 基站产品的性能参数、功能模块及 5G 基站的典型配置。本章知识框架如图 2-71 所示。

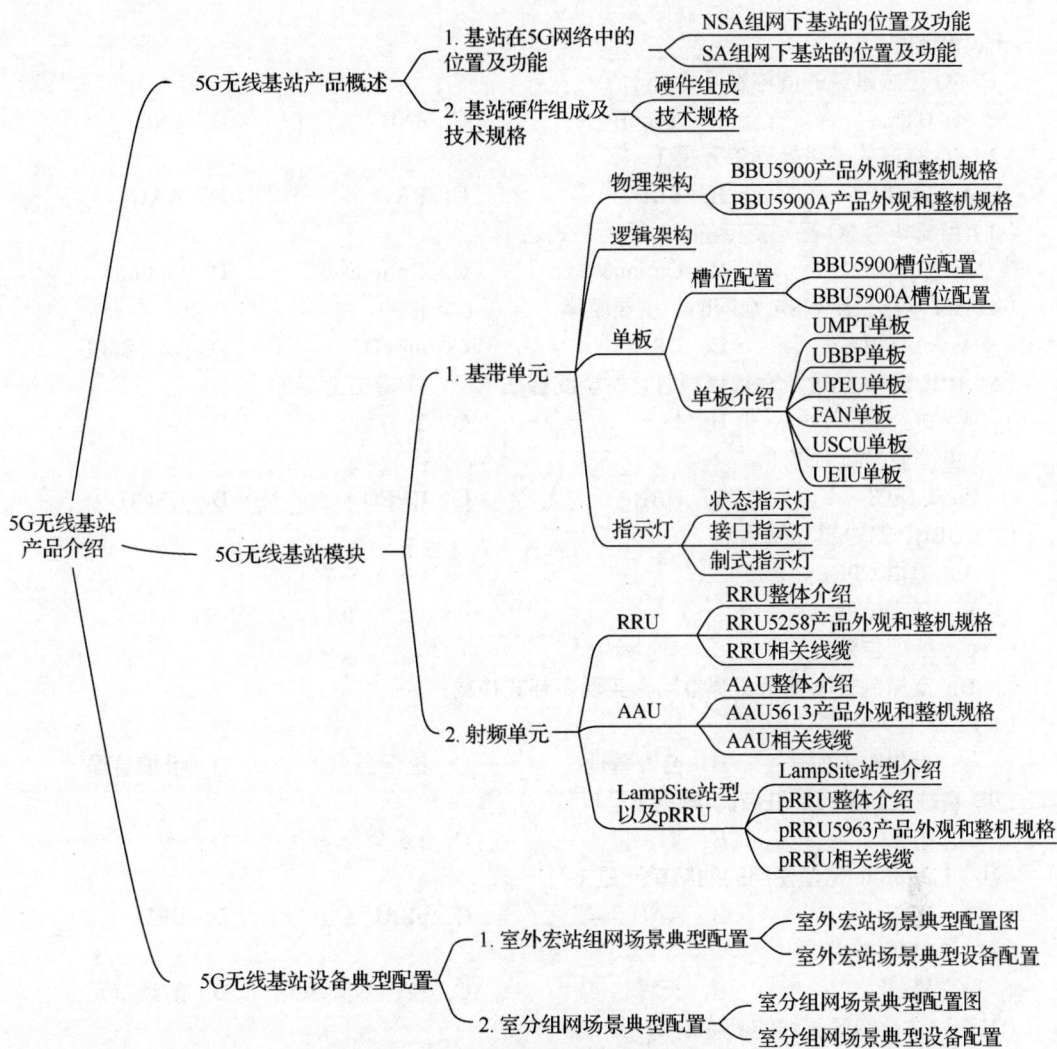

图 2-71　5G 无线基站产品介绍知识框架

首先，本章对 5G 无线基站产品进行了概述，介绍了 NSA 组网和 SA 组网两种场景下 5G 基站在网络中的位置和功能，以及基站的硬件组成和技术规格。

其次，本章介绍了 5G 无线基站的组成模块。5G 无线基站包括基带单元和射频单元两大模块，二者通过光纤进行连接。根据使用场景的不同，基带单元分为小型化室内盒式设备和室外一体化设备，射频单元分为拉远射频单元、有源天线处理单元和微型拉远射频单元。

再次，本章以华为基带产品 BBU5900 和 BBU5900A 为例，具体阐述了基带单元的物理架构、逻辑架构，说明了单板功能和技术规格，以及指示灯闪烁规则；以华为射频产品 RRU5258、AAU5613 以及 pRRU5963 为例，具体阐述了射频单元的外观、技术规格及相关线缆。

最后，本章介绍了室外宏站组网和室分组网两种场景下的 5G 基站设备的典型配置。

课后练习

一、单选题

（1）5G 无线基站的简称是（　　）。

    A．BTS　　　　　　　B．NodeB　　　　　　C．eNB　　　　　　　D．gNB

（2）5G 基站的基带处理单元是（　　）。

    A．gNB　　　　　　　B．BBU　　　　　　　C．RRU　　　　　　　D．AAU

（3）目前华为 5G 基站支持的 SA 组网方式是（　　）。

    A．Option2　　　　　B．Option3　　　　　C．Option3x　　　　　D．Option5

（4）5G 网络采用 NSA 组网时，主要聚焦（　　）类业务。

    A．eMMB　　　　　　B．URLLC　　　　　　C．mMTC　　　　　　D．以上都是

（5）BBU5900 配置全宽基带板时，不能配置在（　　）槽位上。

    A．0　　　　　　　　B．1　　　　　　　　C．2　　　　　　　　D．4

（6）主控板的简称是（　　）。

    A．UMPT　　　　　　B．UBBP　　　　　　C．UPEU　　　　　　D．USCU

（7）UBBP 的功能不包括（　　）。

    A．提供 CPRI

    B．基带处理

    C．处理告警

    D．支持制式间基带资源重用，实现多制式并发

（8）USCU 单板的功能是（　　）。

    A．提供时钟信号　　　B．告警管理　　　　　C．控制温度　　　　　D．维护管理

（9）基站天馈系统的驻波比理想值是（　　）。

    A．0　　　　　　　　B．1　　　　　　　　C．1.5　　　　　　　D．∞

（10）LampSite 站型使用的射频单元是（　　）。

    A．RRU　　　　　　　B．AAU　　　　　　　C．pRRU　　　　　　D．BBU

（11）RRU 的全称是（　　）。

    A．基站　　　　　　　B．天线　　　　　　　C．拉远射频单元　　　D．射频单元

（12）一体化有源天线的简称是（　　）。

    A．RRU　　　　　　　B．AAU　　　　　　　C．BBU　　　　　　　D．pRRU

（13）AAU5613 的最大输出功率是（　　）。

    A．100W　　　　　　B．200W　　　　　　C．300W　　　　　　D．500W

（14）pRRU 配套屏蔽网线能支持最大的拉远能力是（　　）。

    A．10m　　　　　　　B．50m　　　　　　　C．100m　　　　　　D．1000m

（15）LampSite 站型主要用于（　　）场景。

    A．室外宏站　　　　　B．室内分布　　　　　C．高速铁路沿线　　　D．以上都是

二、多选题

（1）NSA 组网下，gNB 的功能包含（　　）。

    A．无线资源管理

    B．用户数据流的基带处理和射频处理

    C．执行寻呼信息和广播信息的调度及传输

    D．Option3x 组网中用户面数据分流的锚点

（2）5G 基站硬件由（　　）组成。

　　A．机柜　　　　　　　B．基带单元　　　　　C．射频单元　　　　　D．终端

（3）AAU 包括的逻辑功能模块有（　　）。

　　A．AU　　　　　　　　B．RU　　　　　　　　C．电源　　　　　　　　D．L1 物理层处理单元

（4）根据单板占据槽位的大小，BBU5900 基带板配置方式有（　　）。

　　A．半宽板配置　　　　B．全宽板配置　　　　C．1/3 宽板配置　　　D．1/4 宽板配置

（5）BBU5900 单板指示灯包括（　　）。

　　A．状态指示灯　　　　B．接口指示灯　　　　C．制式指示灯　　　　D．电源指示灯

三、简答题

（1）简述 5G 基站中基带单元的主要功能。

（2）简述 5G 基站中射频单元的主要功能。

（3）简述 5G 基站中 RRU 和 AAU 的区别。

（4）画出 SA 组网场景的网络拓扑图。

（5）简述 SA 组网中 5G 基站的主要功能。

（6）画出 BBU5900 半宽板配置时的槽位示意图。

（7）画出 BBU5900 全宽板配置时的槽位示意图。

（8）简述 UEIU 单板的主要功能。

（9）简述 UMPT 单板的主要功能。

（10）简述室外宏站场景和室分组网场景的主要差别。

第 3 章

5G无线站点设备硬件安装
规范及实操

03

　　随着通信技术的发展，各类通信设备不断更新，为适应通信建设事业发展的需要，学生应加强设计、监理和施工的相关工程规范及管理的实操学习，本章将通过对 5G 设备安装的一般过程加以提炼，同时结合业界规范及标准，梳理硬件安装和工程实施的关键点及重难点。

本章学习目标

- 掌握无线设备硬件安装流程
- 了解无线设备硬件安装操作

3.1　无线设备硬件安装流程

　　现网 4G 的主流是天线与 RRU 独立放置，而 5G 采用了 RRU 与天线集成的 AAU 设备形态，但是 AAU 是有源设备，目前无法与现网系统共用天馈系统，且质量大，有散热需求。5G 无线设备形态的重构对硬件设备的安装空间、杆塔承重、电源系统和散热等各方面都提出了新的挑战。

3.1.1　5G 无线设备安装场景

1. 5G 基站铁塔类型及安装场景

　　基站通过天线进行无线电波的收发，从而与终端进行无线通信。因此基站需要建设铁塔，并把天线安装在铁塔上，使天线具有一定的高度才能进行合理的覆盖。在空间环境中，基站的无线电波辐射的范围往往和天线安装的铁塔位置有关。在城郊空旷区域，一般将天线安装在较高的铁塔上进行大范围覆盖；在城区等建筑物密集区域，一般将天线安装在楼顶，采用抱杆等较矮的塔型进行小面积覆盖。

　　基站铁塔分为标准化塔型和非标准化塔型两种。标准化塔型包括单管塔、三管塔、角钢塔、景观塔、路灯杆、屋面拉线桅杆等。非标准化塔型包括便携式塔房一体化、仿生树、地面拉线塔、屋面增高架、屋面抱杆、屋面景观塔、美化天线等。

2. 5G 无线设备安装场景

　　从硬件安装的角度看，容量大、覆盖范围广的宏站可分为地面铁塔站、楼顶站、室内宏站、室外宏站等。下面分别对这几种安装场景进行介绍。

（1）地面铁塔站

地面铁塔站是室外宏站常见的场景，一般建设在较空旷区域，如图 3-1 所示。其特点是覆盖范围较广，部分场景会使用美化天线。地面铁塔站的塔身建设在地面上，一般在塔下建设配套机房或室外型机柜，并安装相关设备。单管塔、三管塔、角钢塔、景观塔、路灯杆、便携式塔房一体化、仿生树、地面拉线塔均属于地面铁塔站型。

图 3-1　地面铁塔站

（2）楼顶站

楼顶站是城市建筑密集区域常见的场景，覆盖范围较小，一般部署在人口密集的热点区域。楼顶站的塔身建设在建筑屋顶，如图 3-2 所示，一般在建筑物内部署配套机房，安装相关设备。屋面拉线桅杆、屋面增高架、屋面抱杆、屋面景观塔、美化天线均属于楼顶站场景。

图 3-2　楼顶站

（3）室内宏站

室内宏站指射频模块覆盖室内区域，但安装主设备的机柜是室内型机柜，且安装在机房内，如图 3-3 所示。机房可以为基站提供供电、散热等设备，因此室内型机柜大多采用构造简单的 ILC29 机柜。

图 3-3　室内宏站

（4）室外宏站

室外宏站指射频模块覆盖室外区域，同时安装主设备的机柜是室外型机柜，安装在室外区域。室外宏站没有配套机房，因此室外型机柜需要具备防水、防尘和散热功能，并有足够的空间安装主设备（BBU、供电模块、传输设备等）。

3. 5G 无线设备安装方式

5G 无线设备安装包括机柜安装、BBU 安装和 AAU 安装 3 种方式。下面分别介绍这几种安装方式的具体操作。

（1）机柜安装

机柜安装一般有两种方式：一种是水泥地打孔安装，另一种是防静电地板安装。

① 水泥地打孔安装。在水泥地面上安装机柜，需要先规划好安装位置，再在地面上打孔，把机柜对照相应位置安放后，安装膨胀螺钉固定机柜或支架，如图 3-4 所示。

图 3-4　水泥地打孔安装

② 防静电地板安装。在防静电地板上安装机柜，需要先安装地板下支架，再在地板下支架上安装机柜，如图 3-5 所示。

图 3-5　防静电地板安装

（2）BBU 安装

BBU 的安装方式有 3 种：ILC29 机柜安装、IMB05 机框安装和 APM5930 机柜安装。

① ILC29 机柜安装。BBU 安装在 ILC29 机柜中，其安装位置如图 3-6 所示。该机柜是室内型机柜，因此该安装方式适用于室内宏站的场景。ILC29 机柜安装需要确保机柜内有足够的安装空间和足够的散热能力。

② IMB05 机框安装。BBU 安装在 IMB05 机框中，如图 3-7 所示。该机框可以挂墙安装。IMB05 机框有 4U（U 是尺寸单位，1U=4.445cm）安装空间，BBU 占据 2U 空间，普通的直流供电设备或者交流配电模块占据 1U 空间，所以 1 个 IMB05 机框可以安装 1 个 BBU 和 2 个直流配电模块（或 1 个交流配电模块）。

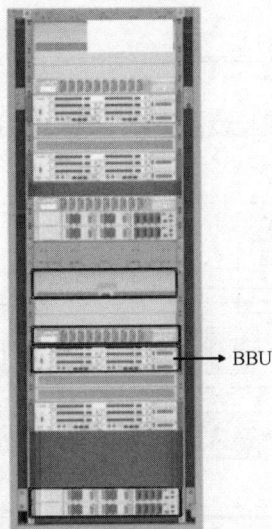

图 3-6　ILC29 机柜安装位置

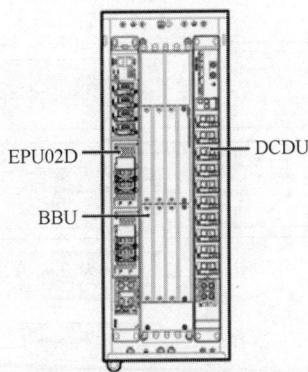

图 3-7　IMB05 机框安装

③ APM5930 机柜安装。BBU 安装在 APM5930 机柜中，如图 3-8 所示。该机柜是室外型机柜，因此该安装方式适用于室外宏站。

APM5930 机柜具备防水、防尘和散热功能，且可以配置配电模块和备电模块。由于没有机房，站点所需设备基本上安装在机柜内，需要规划好机柜内部空间。

APM5930 机柜不能直接安装在室外地面上，需要安装在混凝土底座上。

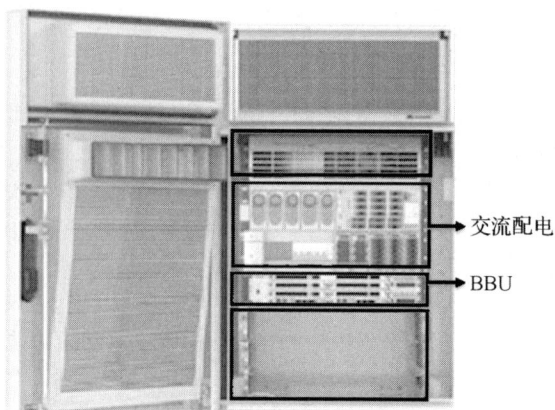

图 3-8　APM5930 机柜安装

（3）AAU 安装

AAU 安装方式有底座抱杆安装、挂墙抱杆安装、女儿墙抱杆安装、铁塔抱杆安装 4 种。

① 底座抱杆安装。在屋面、楼顶安装抱杆时，如果没有女儿墙，则可以在抱杆底部建设一个底座，并在底座上通过沥青或者混凝土进行加固。

② 挂墙抱杆安装。可以把抱杆通过支架固定在墙面上。

③ 女儿墙抱杆安装。在屋面、楼顶安装抱杆时，如果有符合条件的女儿墙，则可以把抱杆安装在女儿墙上。

④ 铁塔抱杆。如果基站天线挂高需要的高度很高，基站配备了铁塔，则可以在铁塔顶部建设相关的平台，并把抱杆安装在塔顶的平台上。

3.1.2　5G 无线设备安装流程

5G 无线设备安装流程如图 3-9 所示，分为安装准备、机柜设备安装、天馈系统安装和安装收尾这 4 个阶段。

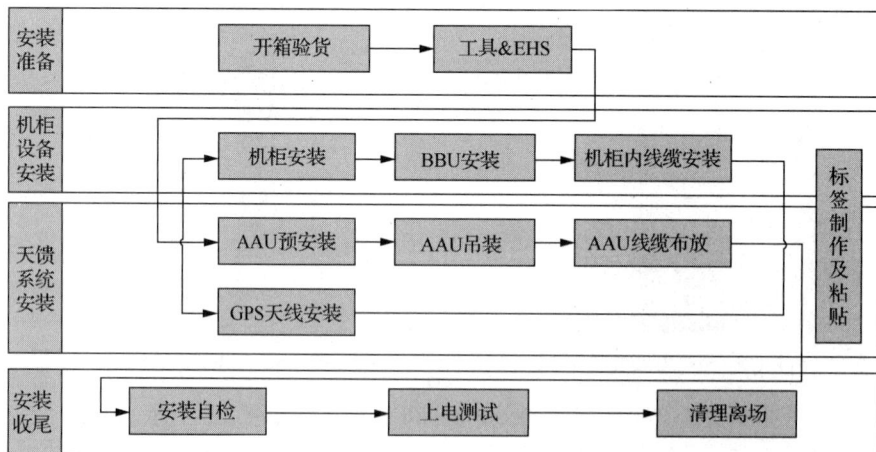

图 3-9　5G 无线设备安装流程

（1）安装准备

在安装前做好开箱验货工作，确保接收的货物没有出错，能够满足整个站点前期规划的要求。并提前准备好工具，如站点安装相关工具。此外，安装人员需要具备环境、健康、安全（Environment、

Health、Safety，EHS）知识。安装准备工作结束后，可以同步进行机柜安装、AAU 预安装及 GPS 天线安装。

（2）机柜设备安装

机柜设备安装阶段主要分为机柜安装、BBU 安装、机柜内线缆安装。

（3）天馈系统安装

先在塔下完成 AAU 相关构件的预安装，再将 AAU 吊装上塔，在塔顶安装完成后进行 AAU 线缆布放。机柜设备安装和天馈系统安装工作结束后，进行标签制作及粘贴。

（4）安装收尾

需检查各硬件模块有没有缺漏，线缆布放是否正确，并进行上电测试，测试成功以后清理现场并离开。

3.1.3　5G 无线设备安装准备工作

5G 无线设备安装准备工作包括开箱验货及安装前检查、掌握 EHS 规范及准备工具。下面分别介绍这几项工作的具体内容。

1. 开箱验货及安装前检查

（1）物料包装外观检查

观察物料包装外观，检查外包装有没有破损或货物有没有损坏。同时，根据外包装上的货物清单来确认运抵站点的设备型号、数量与货物派送单相符且外观完好。当确认这些都没有问题后，再进行开箱验货。

（2）开箱验货

开箱后，检查货物数量和完好度，如果货物数量正确，完好度无损，则由物流商、施工队在货物派送单上签字确认。

（3）ESN 获取

通过 BBU 挂耳、机箱及风扇等处的 ESN 标签记录 BBU ESN，如图 3-10 所示。

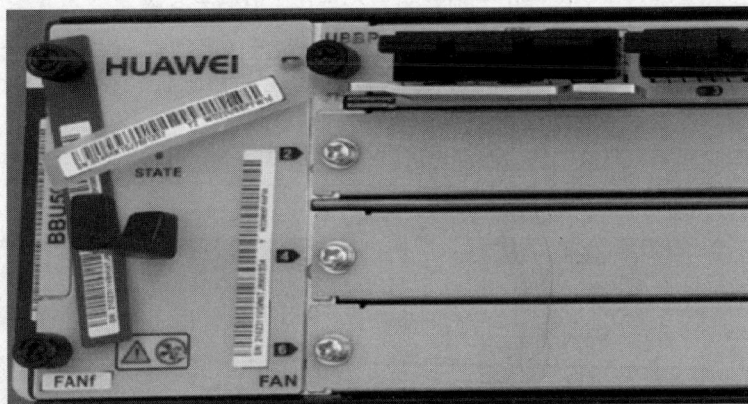

图 3-10　ESN

（4）物料摆放

将物料按安装位置和安装顺序摆放到位，保证整齐、整洁。

（5）安装前检查

安装前需要对设备安装位置、线缆路由与长度、电源、货物进行检查，不同控制点的安装前检查内容如表 3-1 所示。

表 3-1　不同控制点的安装前检查内容

控制点	检查内容（进站后）
设备安装位置检查	机柜、BBU、DCDU、AAU、GPS 天线安装位置检查，确保有足够安装空间
线缆路由与长度检查	首先，确认电源线、地线、光纤安装布放路由，重点确认地排和馈窗穿线孔有余量。其次，现场测量电源线、传输尾纤的长度，避免店家发货长度不足
电源检查	需有空置的空气开关（简称空开）或熔丝，交流安装位置须有插座
货物检查	根据产品配置确认本站物料是否齐全，如果有缺货、错货，则应联系补货

2. 掌握 EHS 规范

（1）EHS 规范

EHS 规范主要包括以下几方面的内容。

① 通过内侧通道爬塔，不能沿塔体外侧爬塔（专用爬塔通道安装在塔体外侧的除外），爬塔规范示意如图 3-11 所示。

爬塔正确示范　　　　　　　　　爬塔错误示范

图 3-11　爬塔规范示意

② 塔上塔下佩戴合规防护用具，未佩戴安全帽和安全带时不能作业。

③ 劳保用品规范完好，不能使用不规范的安全带及受损的安全帽。

④ 需要在作业平台上工作时，作业平台下的滑轮一定要按下锁紧，保持平台稳固。如果需要使用梯子，则需要有专人扶稳梯子，没有对作业平台做稳固措施的属于不规范行为。

⑤ 在施工现场要求穿劳保鞋作业，禁止穿拖鞋作业。

⑥ 涉及带电的施工，裸露工具应做绝缘处理，如在扳手上缠上绝缘胶带。禁止使用裸露工具接电。涉及带电的施工规范示意如图 3-12 所示。

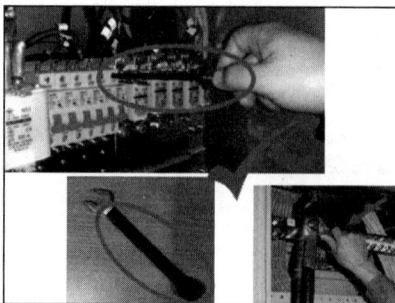

对裸露工具做绝缘处理　　　　　　　　　使用裸露工具接电

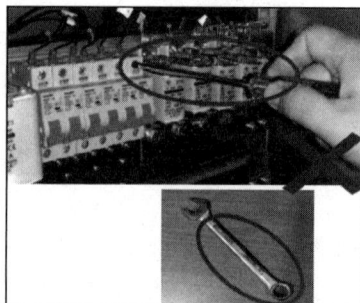

图 3-12　涉及带电的施工规范示意

（2）对站点 EHS 做风险评估

做风险评估需要的工具包括装有安卓操作系统的手机和 Smart QC App 等。做风险评估的步骤如下。

① 在施工之前获取 EHS 风险评估表（从 Smart QC App 上获取，也可以从项目部领取纸质表格）。

② 依据评估表内容逐项评估：一是天气是否影响作业安全，恶劣天气下是禁止一切作业的；二是确保站点设施安全完好，如爬塔阶梯必须完好无损；三是确保施工现场没有危险的野生动物，如蛇、野蜂等，防止其对施工人员造成安全威胁。

③ 完成评估后，需要提交站点风险评估报告，可以通过 Smart QC App 进行线上提交，或者线下提交纸质表格。

（3）确认和检查是否正确穿戴个人防护用品（Personal Protective Equipment，PPE）。具体步骤如下。

① 确认当天工作需要配置哪些 PPE，如安全帽、安全鞋、反光背心、工具挂绳、绝缘鞋、手套、防尘口罩等。

② 施工之前正确穿戴 PPE。

③ 随同的工作人员对施工人员穿戴好的 PPE 进行检查并确认。

④ 在 Smart QC App 中对检查结果拍照后提交并确认。

（4）现场设置安全防护设施及标识

需要的工具包括隔离带、安全标识、灭火器、急救箱等。

① 通过隔离带隔离现场，防止无关人员闯入，造成安全隐患，如图 3-13（a）所示。

② 固定警示标识，如提示非施工人员禁止进入现场，如图 3-13（b）所示。

③ 在正确的位置放置急救包和灭火器，如图 3-13（c）所示。

如当地法律法规有其他要求，如脚手架、防护网等，则需按要求布置；急救包中的物品应定期检查，确保其在有效期内，药品使用后应及时补充。

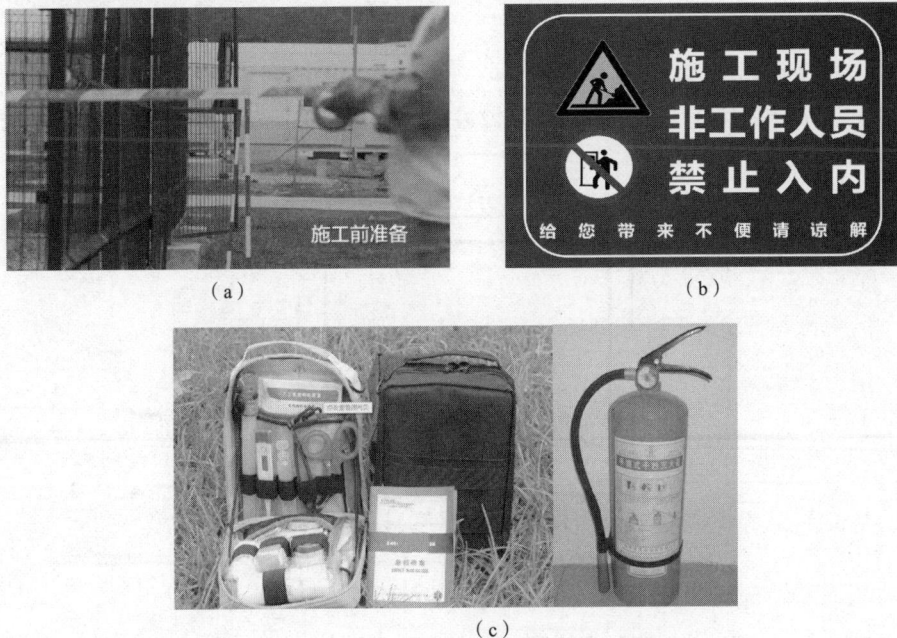

（a）

（b）

（c）

图 3-13　现场设置安全防护设施及标识示意

（5）对站点进行 EHS 自检

需要的工具包括装有安卓操作系统的手机、Smart QC App。需要检查的项目有：安全警示带是否正确进行了施工现场的隔离；站点安全标识是否固定；灭火器和急救箱是否放置正确；作业人员身体是否健康；作业人员的 PPE 是否穿戴好。最后在 Smart QC App 中拍照并上传检查结果。

3. 工具准备

工具可按类型分为天线安装类、机柜安装类、接头制作及连接类、EHS 类。相应类型的工具如表 3-2 所示。

表 3-2　相应类型的工具

工具类型	具体工具举例
天线安装类	指南针、开口扳手、内六角扳手、倾角仪、吊装绳、定滑轮、螺钉旋具、皮尺等
机柜安装类	万用表、卷尺、冲击钻套件、劳保手套、防静电腕带、记号笔、清洁用具等
接头制作及连接类	锉刀、刷子、断线钳、美工刀、液压钳、斜口钳、力矩扳手、热风枪、压线钳、剪刀等
EHS 类	安全带、安全帽、鞋、防坠器等

搬运设备工具有几种方式：如果设备和相关工具质量较轻、体积较小、外包装对人体无损害，则可以直接手动单人搬运；如果设备和相关工具有一定质量、体积偏大、单人无法进行搬运，则可以尝试手动双人搬运；如果设备和相关工具质量较重、体积较大，则可以使用平板小车搬运；如果需要搬运质量很重、体积很大的大型设备和相关工具，则可以使用吊车搬运。

3.1.4　机柜设备安装操作

机柜设备安装操作包括安装机柜、安装 BBU、安装 DCDU 及安装线缆。下面分别对这几项安装操作进行详细介绍。

1. 安装机柜

（1）安装固定机柜（无底座）

安装固定无底座的机柜分为以下 4 步。

① 划线定位。根据设计规划，确定安装位置并画出打孔位，一般机柜安装有 4 个孔位用于固定，如图 3-14 所示。

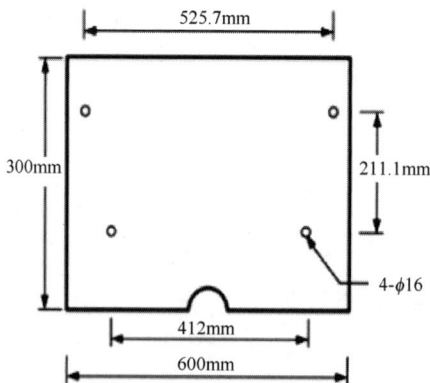

图 3-14　划线定位示意

② 安装螺栓。选择钻头和膨胀螺栓用冲击钻在定位点处打孔，打孔深度为 55～60mm，将膨胀螺栓略微拧紧，并垂直放入孔中，接着用橡胶锤敲击膨胀螺栓，直至膨胀管全部进入孔内，再依次取出螺栓、弹垫和平垫，如图 3-15 所示。

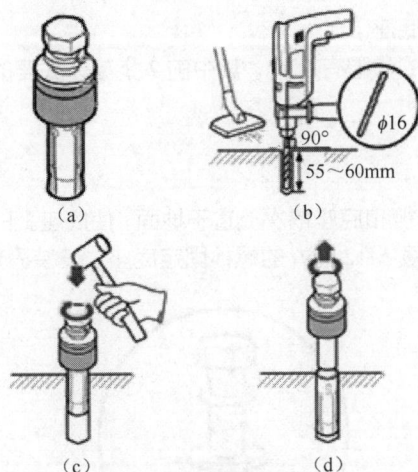

（a）　　　　　　　　（b）

（c）　　　　　　　　（d）

图 3-15　安装螺栓示意

③ 安装并调平机柜。将机柜放在规划好的位置，使机柜底部安装孔对准膨胀螺栓的孔位。依次把弹垫、平垫、绝缘垫套入 4 个膨胀螺栓，再使用水平尺检查机柜水平度，如果水平尺中间的水滴不在两条线中间，则说明机柜没有调平，需要对机柜水平度进行调整。依次对角安装螺栓并交替逐步紧固。安装并调平机柜示意如图 3-16 所示。

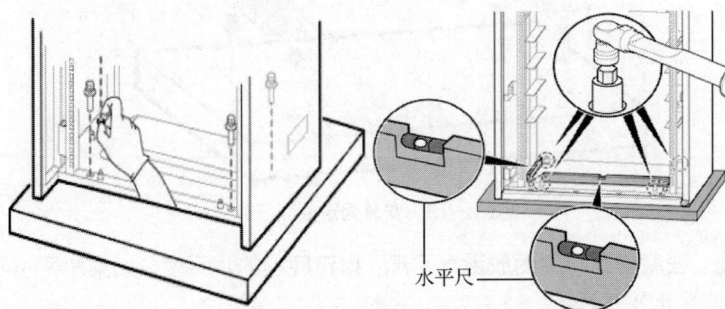

水平尺

图 3-16　安装并调平机柜示意

④ 绝缘度测试。将万用表调至兆欧姆挡（MΩ），测量机柜接地螺栓和膨胀螺栓间的阻值。绝缘度测试示意如图 3-17 所示。

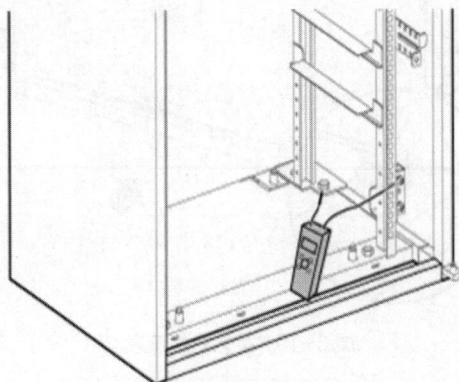

图 3-17　绝缘度测试示意

（2）安装及固定机柜（带底座）

安装和固定带底座的机柜的步骤有 7 步，其中前 2 步与无底座的机柜安装的前 2 步相同。具体步骤如下。

① 划线定位。

② 安装螺栓。

③ 安装固定底座。将绝缘板和底座依次放置于地面，使底座上的孔与绝缘板上的孔以及地面上的膨胀螺栓孔对准，使用 4 颗 M12×60 的螺栓固定底座。安装固定底座示意如图 3-18 所示。

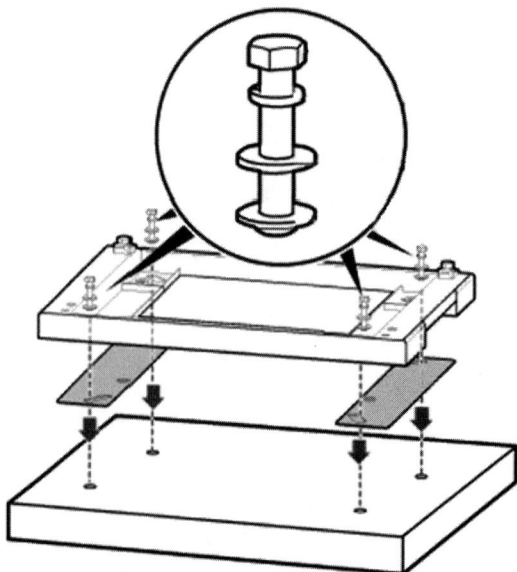

图 3-18　安装固定底座示意

④ 调平底座。在底座顶部平面放置水平尺，检查底座的水平度，如果水平度不够，则可通过调平螺栓调整底座至水平状态。

⑤ 绝缘度测试。将万用表调至兆欧姆挡（MΩ），并测量底座和膨胀螺栓间的阻值。

⑥ 推入机柜。沿底座推动机柜，保证机柜后方与底座后方对齐，如图 3-19 所示。

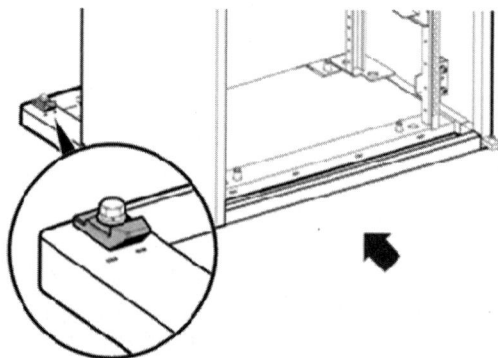

图 3-19　推入机柜示意

⑦ 紧固机柜。使用力矩扳手紧固机柜前方的两颗螺栓，如图 3-20 所示。

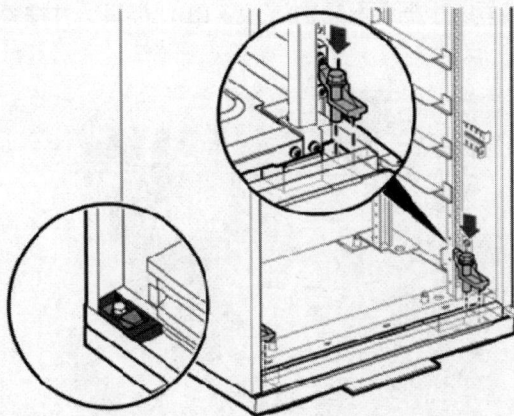

图 3-20　紧固机柜示意

（3）安装机柜保护地线

先根据实际走线路径，截取长度适宜的电缆，再给线缆两端安装 OT 端子（接线端），安装 OT 端子的方法示意如图 3-21 所示。

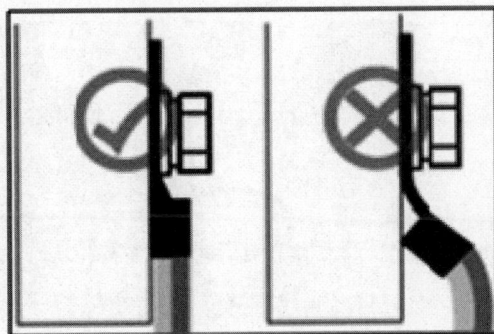

图 3-21　安装 OT 端子的方法示意

再将保护地线的一端连接至机柜顶部的接地螺钉上，并用力矩螺钉旋具紧固。

最后将保护地线另一端连接到机柜外部的总接地排上，如图 3-22 所示。

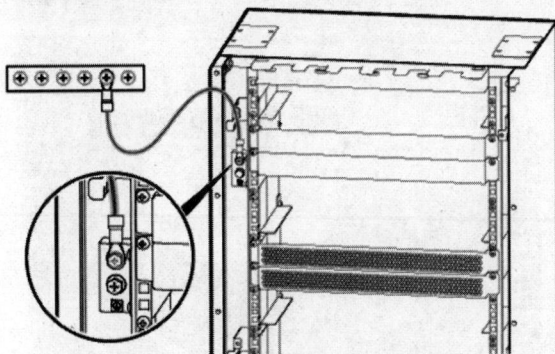

图 3-22　安装机柜保护地线示意

2. 安装 BBU

安装 BBU 可分为以下 4 步。

① 调整安装 BBU 挂耳。根据情况需求，调整 BBU 挂耳，并拧紧螺钉，把挂耳固定在 BBU 两侧，如图 3-23 所示。

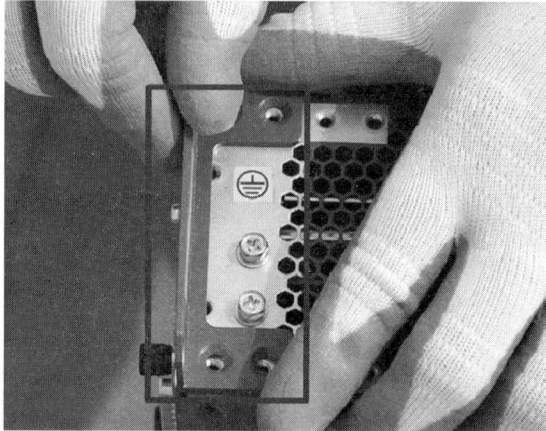

图 3-23　调整安装 BBU 挂耳示意

② 安装 BBU 接地线。制作接地线，连接至 BBU 接地点，如图 3-24 所示。

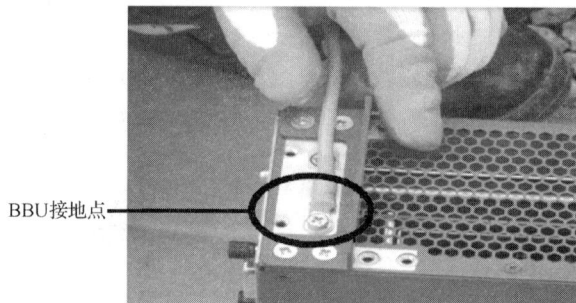

图 3-24　安装 BBU 接地线示意

③ 安装 BBU。把 BBU5900 与安装孔位对齐，将 BBU5900 沿着滑道推入到机架中，拧紧 4 颗 M6 螺钉，如图 3-25 所示。

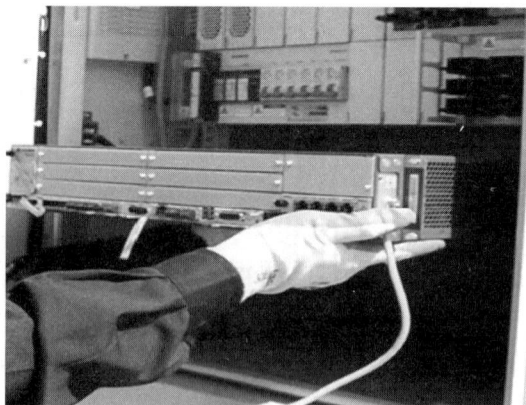

图 3-25　安装 BBU 示意

④ 连接 BBU 接地线。将 BBU 接地线连接至机柜接地排上，如图 3-26 所示。

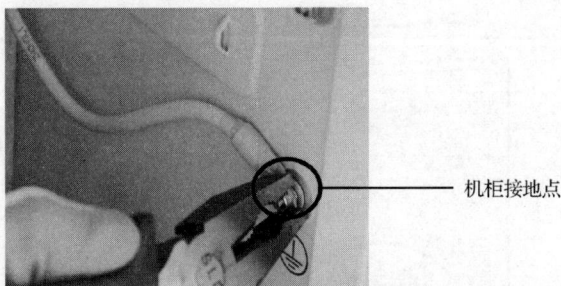

机柜接地点

图 3-26　连接 BBU 接地线示意

3. 安装 DCDU

安装 DCDU 可分为以下 3 步。

① 粘贴 DCDU 右侧走线爪。拆卸 DCDU-12B 安装槽位两侧的 4 颗 M6 螺钉，并在挂耳上粘贴 DCDU-12B 右侧走线爪，如图 3-27 所示。

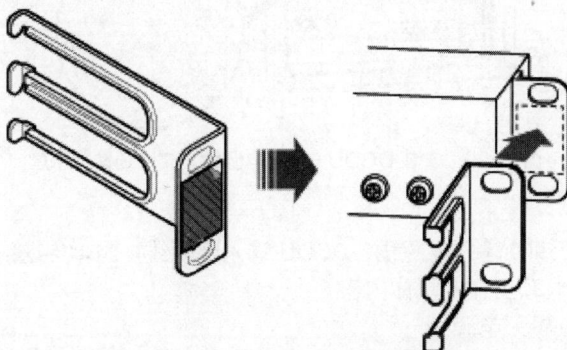

图 3-27　粘贴 DCDU 右侧走线爪示意

② 安装 DCDU-12B。双手托起 DCDU-12B 缓缓推入机柜，直到两侧挂耳顶住立柱，并紧固 DCDU-12B 两侧的 4 颗 M6 螺钉，如图 3-28 所示。

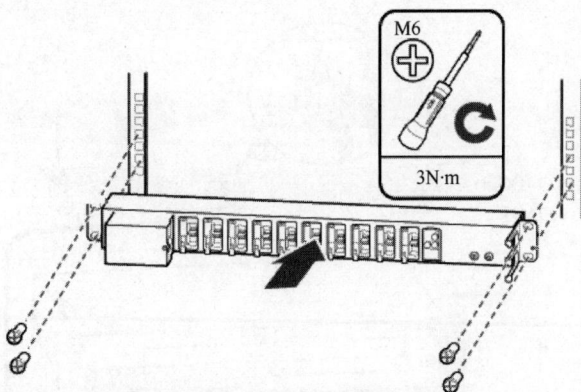

图 3-28　安装 DCDU-12B 示意

③ 安装 DCDU-12B 电源线（交流场景），即通过交流配电柜引出经过交直流转换的直流电，并把直流电通过电源线引入 DCDU 的电源输入端。将电源线另一端黑色线缆的 OT 端子连接到"RTN(+)"端子，蓝色线缆的 OT 端子连接到"NEG(-)"端子，使用力矩螺钉旋具拧紧 M6 螺钉，如图 3-29 所示。

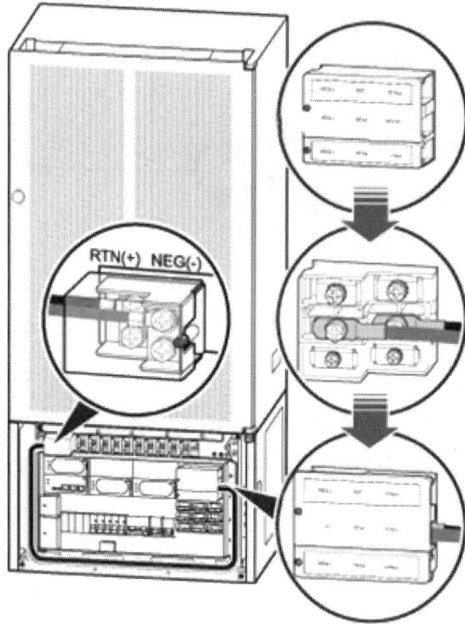

图 3-29　安装 DCDU-12B 电源线（交流场景）示意

4. 安装线缆

安装线缆包含 BBU5900 输入电源线、DCDU 输入电源线、BBU 告警线、FAU02D-15 监控信号线。下面分别介绍这几项工作的具体内容。

（1）安装 BBU5900 输入电源线

BBU5900 输入电源线一端连接到 DCDU 的直流输出端子上，另一端连接到 BBU 的电源单板 UPEU 上，如图 3-30 所示。安装步骤：先根据 BBU 与 DCDU 的距离截取合适长度的 BBU 电源线，再连接 BBU 端电源线缆并布放线缆至 DCDU，最后制作 DCDU 侧的线缆端子并把电源线连接至 DCDU。BBU5900 输入电源线两端接口如图 3-31 所示。

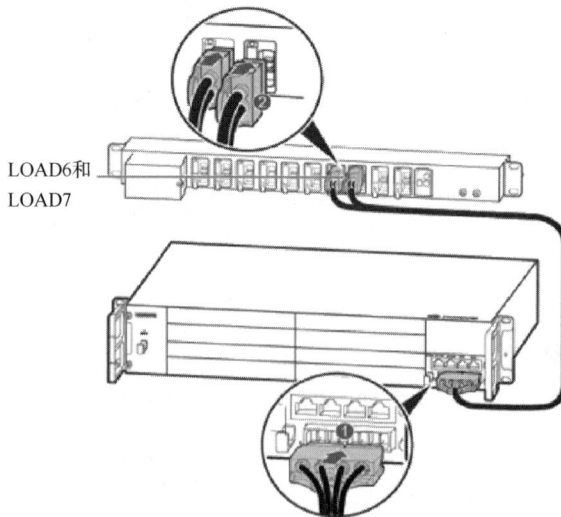

图 3-30　安装 BBU5900 输入电源线示意

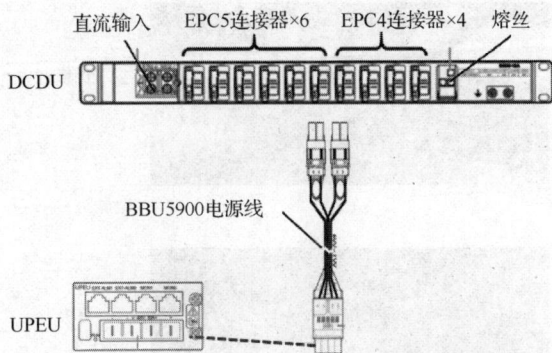

图 3-31　BBU5900 输入电源线两端接口

（2）安装 DCDU 输入电源线

安装 DCDU 输入电源线的步骤如下。

① 连接 DCDU 侧电源线。根据实际走线路径，截取长度适宜的电缆并制作 OT 端子，将其连接至 DCDU 电源输入端，如图 3-32 所示。

图 3-32　连接 DCDU 侧电源线示意

② 布放线缆至电源柜。从 DCDU 侧起布放电源线缆至需要连接的电源柜，如图 3-33 所示。

图 3-33　布放线缆至电源柜示意

③ 连接电源柜侧线缆。制作电源柜侧线缆 OT 端子并连接电源线至指定空开或者熔丝，如图 3-34 所示。

（3）安装 BBU 告警线

BBU 告警线一端的 RJ45 连接器连接到 BBU 的 UPEU 单板的"EXT-ALM0/EXT-ALM1"接口上，另一端的 RJ45 连接器连接到外部告警设备上，如图 3-35 所示。

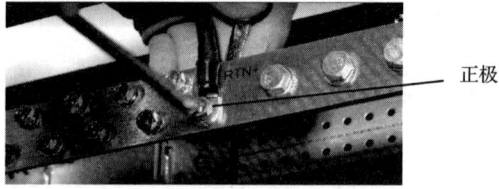

（a）

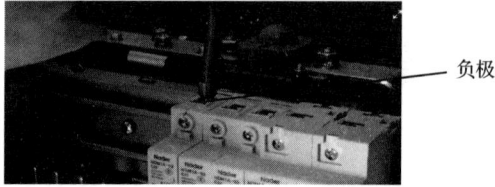

（b）

图 3-34　连接电源柜侧线缆示意

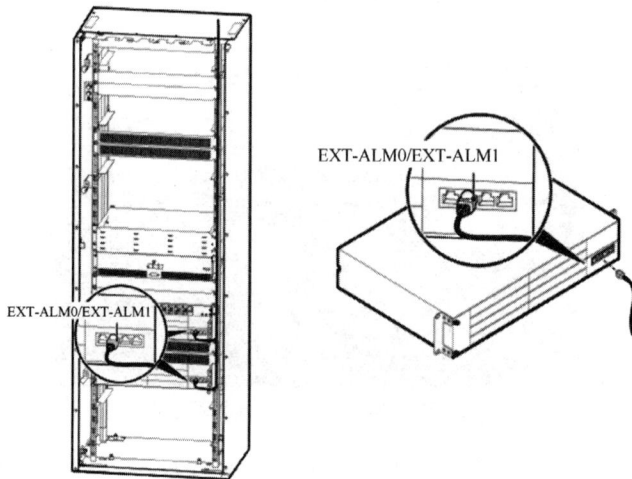

图 3-35　安装 BBU 告警线示意

（4）安装 FAU02D-15 监控信号线

　　将 FAU02D-15 监控信号线一端的 RJ45 连接器连接到 FAU02D-15 的 COM_IN 接口上，将其另一端的 RJ45 连接器连接到 BBU 的 MON0 接口上，如图 3-36 所示。

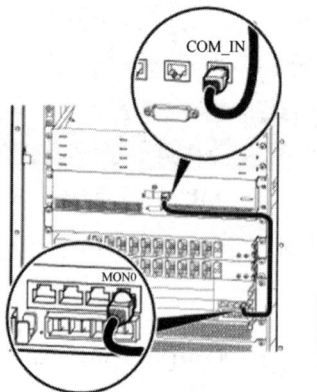

图 3-36　安装 FAU02D-15 监控信号线示意

3.1.5 天馈系统安装操作

5G 基站主要使用 AAU5613 设备作为室外覆盖的射频单元，本节以 AAU5613 为例，介绍天馈系统安装总体流程，主要包括 AAU 预安装、AAU 吊装及一些配套设备的安装。AAU 安装总体流程如图 3-37 所示。

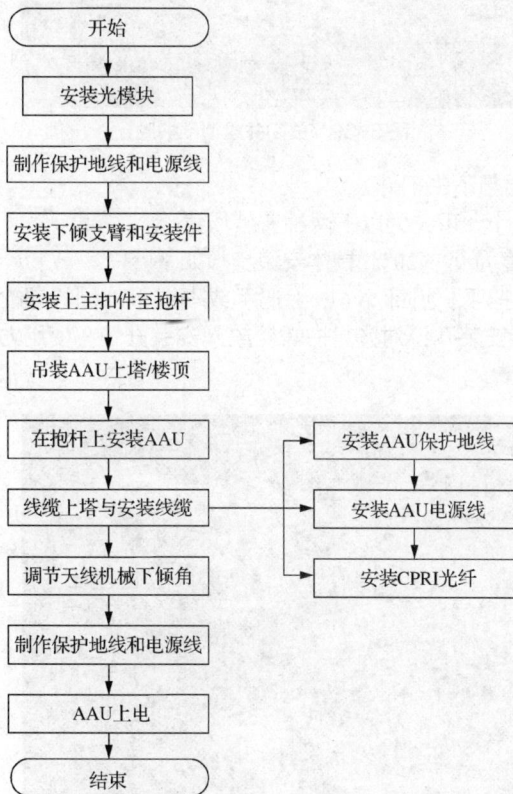

图 3-37 AAU 安装总体流程

1. AAU 预安装

AAU 预安装即 AAU 安装上塔涉及的小零部件需要提前在塔下安装，包括安装光模块、制作保护地线和电源线、安装下倾支臂和安装件以及安装上主扣件至抱杆。下面分别对这几个操作进行介绍。

（1）安装光模块

① 在 AAU 的 CPRI0 接口上插入光模块，保证光模块安装方向正确。沿水平方向将光模块轻推入插槽，直至光模块与插槽紧密接触且连接器已经完全插入，此时连接器无松动，如图 3-38 所示。

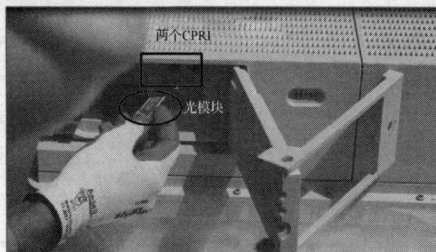

图 3-38 安装光模块

② 关闭并锁紧维护腔。关闭维护腔盖板，拧紧盖板螺钉，如图 3-39 所示。

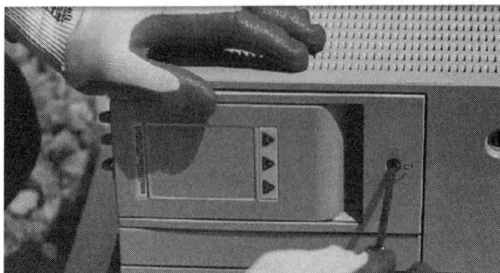

图 3-39　关闭并紧锁维护腔

（2）塔下安装下倾支臂与下主扣件

按照 AAU 调节角度大小，可分为以下两种安装场景。

场景 1：AAU 调节角度为 0°～20°。具体安装步骤如下。

① 安装下倾支臂到上把手。拆卸 AAU 上把手或下把手外侧的螺栓，将下倾支臂的长臂端放置在 AAU 把手上，与待安装孔位对齐；将螺栓放入安装孔位，使用力矩扳手紧固，如图 3-40 所示。

图 3-40　安装下倾支臂到上把手

② 安装下主扣件至下把手。将下主扣件放置于 AAU 下把手处，使下把手与下主扣件的槽位对齐，将下主扣件的螺栓向下扣入孔位并紧固，如图 3-41 所示。

图 3-41　安装下主扣件至下把手

场景 2：AAU 调节角度为 -20° ～ 0°。具体安装步骤如下。

① 安装下倾支臂到下把手。安装方法与安装下倾支臂到上把手的方法相同。

② 安装下主扣件至下倾支臂。将下主扣件放置于下倾支臂的短臂端，使短臂端与下主扣件的槽位对齐，将下主扣件的螺栓向下扣入孔位并紧固。

（3）安装上主扣件至抱杆

① 绑扎吊装上主扣件及辅扣件。安装人员将定滑轮放入工具包，携带工具包和吊装绳并上塔，上主扣件及辅扣件组件可以通过人工携带或吊装的方式上塔，如图 3-42 所示。

图 3-42　绑扎吊装上主扣件及辅扣件

② 安装上主扣件、辅扣件至抱杆。拧松螺栓，将上主扣件、辅扣件从水平方向套进抱杆，将辅扣件预紧至主扣件。

③ 调整天线方位角。天线方位角也称方向角，是天线的机械特性之一，用于表示天线的辐射方向，0° 表示正北方向，90° 表示正东方向，以此类推。

全向天线发出的无线电波朝周围进行 360° 辐射，因此全向天线不需要调整方位角。定向天线通过内部的金属挡板使无线电波的主瓣朝一定的方向覆盖，具有较强的指向性，在主瓣方向的辐射最强，因此，在安装定向天线时，要根据信号主覆盖区域和天线的位置设置合理的方位角。

典型的室外宏站（3 个扇区）天线方位角为 0°、120° 和 240°，天台平面俯视图如图 3-43 所示。

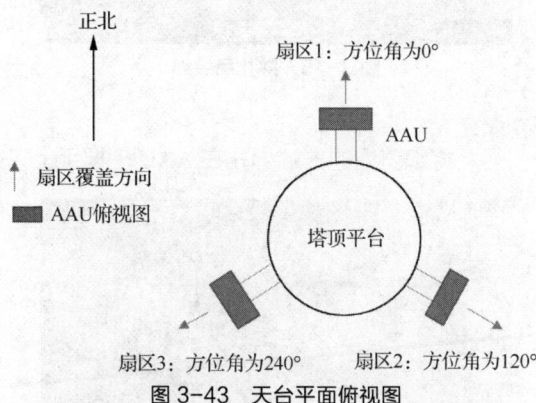

图 3-43　天台平面俯视图

在基站安装中，地面安装人员站在规划的覆盖方向，使用指南针确定方位角，并提示塔上安装人员将相应的组件调整到正确的方位角。

④ 紧固主扣件。使用力矩扳手拧紧上主扣件上的 2 颗螺栓，使上主扣件和辅扣件牢牢卡在杆体上，如图 3-44 所示。

图 3-44　紧固主扣件

2. AAU 吊装

AAU 吊装包括绑扎吊装绳、绑扎牵引绳、吊装 AAU、安装 AAU 至上主扣件等操作。此外，AAU 吊装上塔后还需要对其调整机械下倾角。下面分别对以上几项操作进行介绍。

（1）绑扎吊装绳

上塔人员将吊装绳带到塔上，到达平台后，将吊装绳抛到塔下，塔下工作人员把吊装绳带扣环的一端绕过 AAU 上把手的安装转接件（注意，不要绕过安装转接件最外侧的横梁）打开扣环，将吊装绳放入扣环并合上扣环，如图 3-45 所示。

图 3-45　绑扎吊装绳

（2）绑扎牵引绳

地面安装人员绑扎牵引绳，将牵引绳的一端绑扎在 AAU 下把手上，如图 3-46 所示。

图 3-46　绑扎牵引绳

（3）吊装 AAU

吊装 AAU 时，根据 AAU 的位置不同，可分为以下两种场景。

场景 1：AAU 吊装上塔。该场景又分为使用卷扬机吊装和不使用卷扬机吊装这两种情况，如图 3-47 所示。

① 使用卷扬机吊装：安装人员 A 上塔接收，安装人员 C 操作卷扬机，同时安装人员 B 控制牵引绳，以防 AAU 和铁塔发生磕碰。

② 不使用卷扬机吊装：安装人员 A 上塔接收，安装人员 B、C、D 向下拉吊装绳，同时安装人员 E 控制牵引绳，以防 AAU 和铁塔发生磕碰。

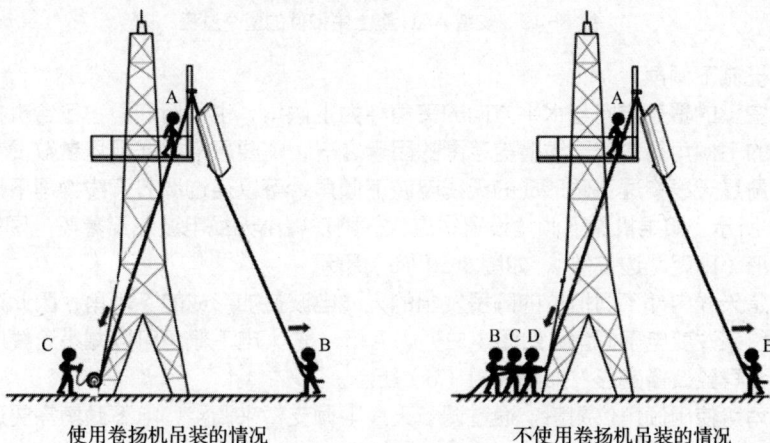

使用卷扬机吊装的情况　　　　不使用卷扬机吊装的情况

图 3-47　AAU 吊装上塔

场景 2：AAU 吊装上抱杆。吊装 AAU 时，安装人员 A 上塔接收，安装人员 B、C 向下拉吊装绳，同时，安装人员 D 控制牵引绳，以防 AAU 和楼顶抱杆发生磕碰，如图 3-48 所示。

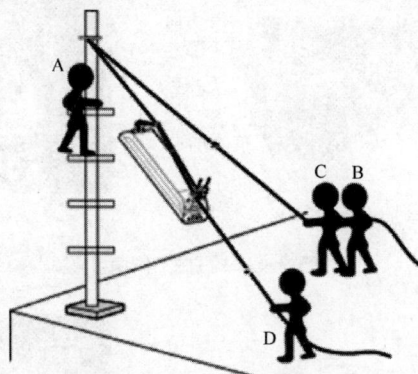

图 3-48　AAU 吊装上抱杆

（4）安装 AAU 至上主扣件

当吊装绳上的扣环靠近定滑轮时，上塔人员用手轻轻扶正 AAU，将下倾支臂的把手挂入上主扣件的卡槽。将上主扣件两侧顶部的螺钉向下扣，并使用力矩扳手紧固。将下主扣件、辅扣件卡至抱杆上，使用力矩扳手拧紧 2 颗螺栓。整个过程如图 3-49 所示。

另外，5G AAU 可采用省力滑轮组合吊装方案，通过定滑轮加动滑轮组代替传统的单滑轮人工吊装方案；同时，通过抓绳器反向速刹功能，可随时防止重物坠落，实现既安全又省力的保障性吊装。

将 AAU 挂入上主扣件卡槽　　　　紧固上主扣件与 AAU　　　　紧扣下主扣件与辅扣件

图 3-49　安装 AAU 至上主扣件的整个过程

（5）调整机械下倾角

无线电波主瓣的覆盖方向与水平方向的夹角称为下倾角，也称俯仰角，包含机械下倾角和电下倾角。天线的下倾角是决定天线覆盖范围的因素之一，需要严格根据规划参数设置。

机械下倾角是天线物理下倾形成的无线电波下倾角，可以通过调节天线物理下倾角来调整，如图 3-50（a）所示。如果机械下倾角设置得过大，则在减小无线电波主瓣覆盖范围的同时，会导致天线波瓣变形（即朝两边扩散），如图 3-50（b）所示。

电下倾角是天线内部不同相位的阵子发出的无线电波叠加形成的下倾角，因此可以通过调整天线阵子的相位来改变电下倾角，如图 3-51（a）所示。增大电下倾角可以减小无线电波主瓣覆盖范围，同时不会导致波瓣变形，如图 3-51（b）所示。

机械下倾角可使用倾角仪测量，通过调节天线下倾支臂来调整；电下倾角需要通过专用仪表连接天线，设置其参数来实现调整。

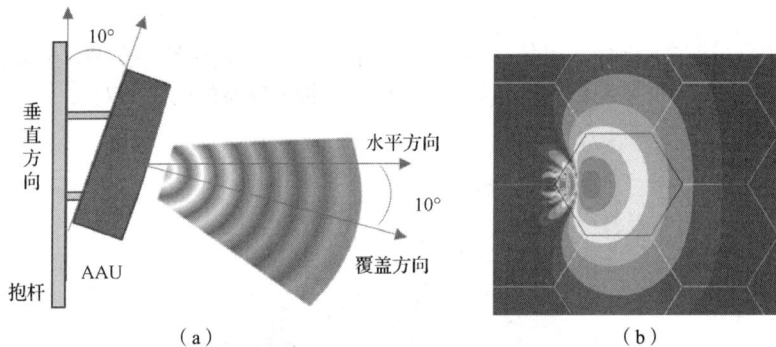

图 3-50　机械下倾角

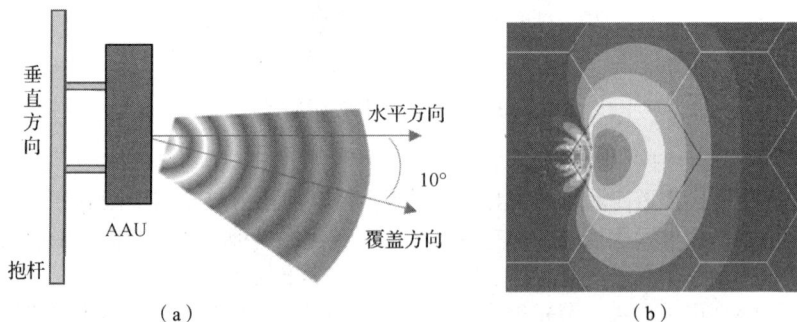

图 3-51　电下倾角

调整机械下倾角的步骤如下：紧固上下主扣件后，拧松下倾支臂转接组件螺栓；将倾角仪放置在 AAU 上，调整 AAU 的角度，直到倾角仪上显示的角度为想要设置的值时停止；当角度调整完毕后，使用力矩扳手紧固转接组件螺栓，如图 3-52 所示。

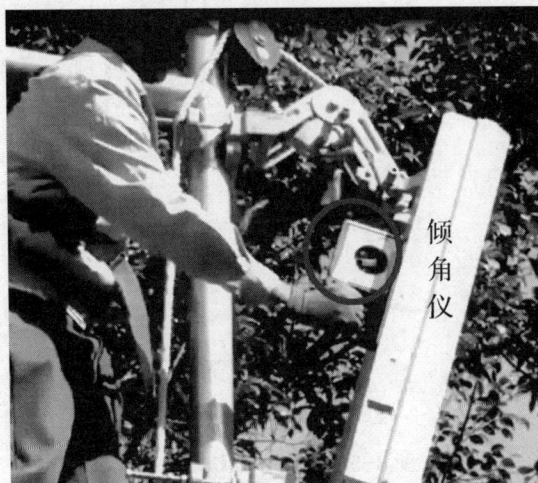

图 3-52　使用力矩扳手紧固转接组件螺栓

下倾角调整有两种场景：一种是下倾支臂安装在上把手上，此时下倾角角度可调范围为 0°～20°，天线朝下覆盖；另一种是下倾支臂安装在下把手上，此时下倾角角度可调范围为-20°～0°，天线朝上覆盖。其两种场景的示意如图 3-53 所示。

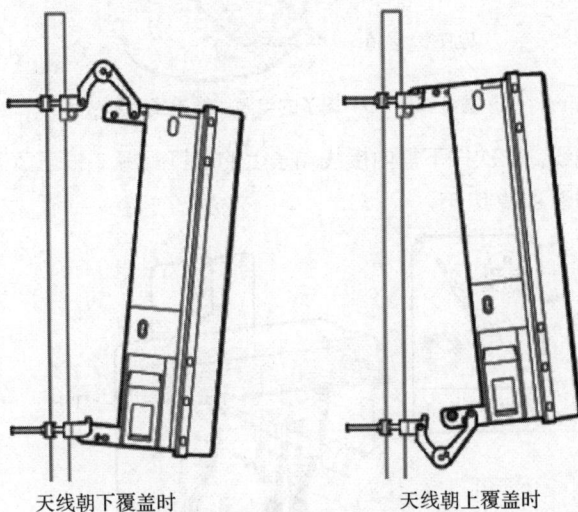

天线朝下覆盖时　　　　　　　　天线朝上覆盖时

图 3-53　下倾角调整的两种场景示意

3. ODM 预安装和 ODM 安装

室外分配模块（Outdoor Distribution Module，ODM）是一种防雷配电盒，主要用于室外 RRU 或 AAU 的供电防雷。其常用型号为 ODM06D，可以用于安装架或者抱杆场景的安装。接下来就 ODM 预安装和 ODM 安装分别展开介绍。

（1）ODM 预安装

其主要步骤如下。

① 取出橡胶塞。首先制作电源线连接至 ODM 侧的 OT 端子，然后打开 ODM06D 盒盖，拧下走线口上的 M40 端线缆防水固定接头的锁紧螺帽，如图 3-54 所示。

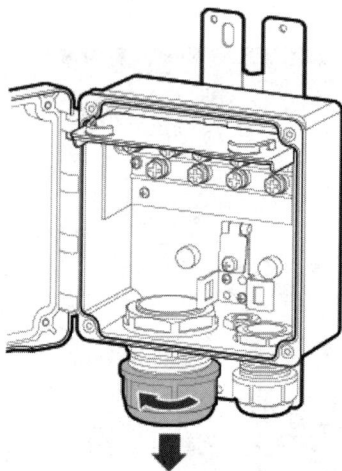

图 3-54　拧下锁紧螺帽示意

② 完成 OT 端子的电源线缆走线。将电源线穿入橡胶塞，将做好 OT 端子的电源线缆先穿过螺母，再穿过橡胶塞对应孔，如图 3-55 所示。

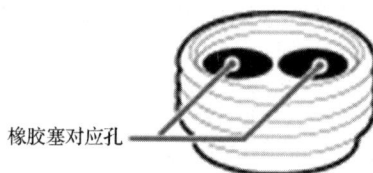

橡胶塞对应孔

图 3-55　OT 端子的电源线缆走线示意

③ 安装 M40 端线缆。依次拧下盒内接线端子上的螺钉，将 2 根正负极芯线上的 OT 端子按标识紧固在铜排上，如图 3-56 所示。

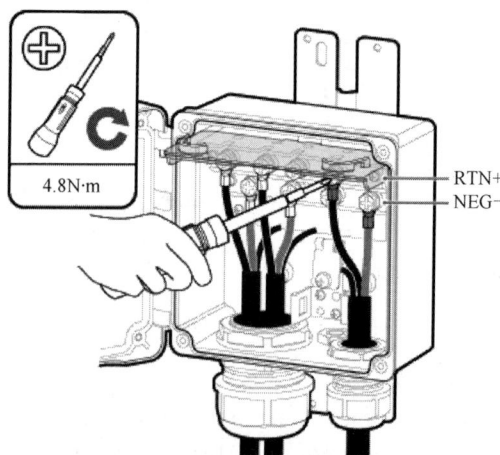

4.8N·m

RTN+
NEG-

图 3-56　安装 M40 端线缆示意

④ 夹紧 M40 端和 M25 端线缆。将 2 根 M40 端屏蔽支线拧成一股，将其和 M25 端屏蔽线一起用屏蔽夹夹紧，如图 3-57 所示。

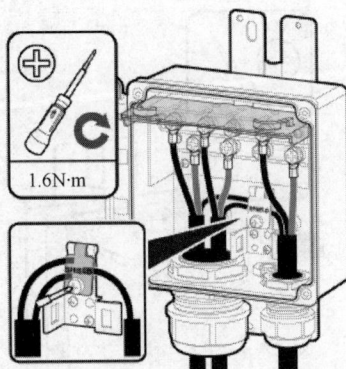

图 3-57　夹紧 M40 端和 M25 端线缆示意

⑤ 绑扎线缆。用 7.6mm×300mm 的线扣绑扎线缆，如图 3-58 所示。

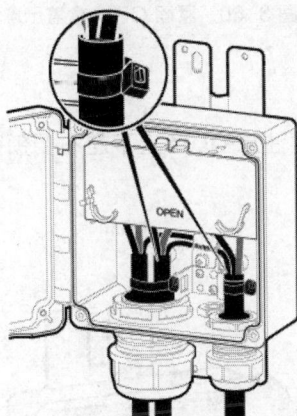

图 3-58　绑扎线缆示意

⑥ 紧固 M40 防水固定接头。顺时针旋紧 M40 防水固定接头，以达到防水结果，如图 3-59 所示。

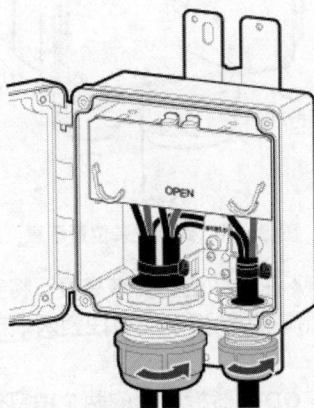

图 3-59　紧固 M40 防水固定接头示意

⑦ 紧固 ODM 盒盖。合上 ODM06D 的盒盖，用 M4 螺钉旋具拧紧盖板上的 4 颗松不脱螺钉，如图 3-60 所示。

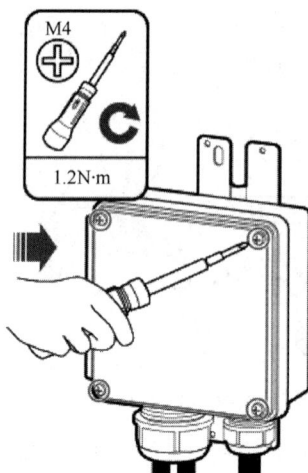

图 3-60　紧固 ODM 盒盖示意

（2）ODM 安装

安装过程可分为以下几步。

① 确定安装位置。安装时需要注意 ODM 上下左右要预留一定的安装空间，以方便后期维护，如图 3-61 所示。

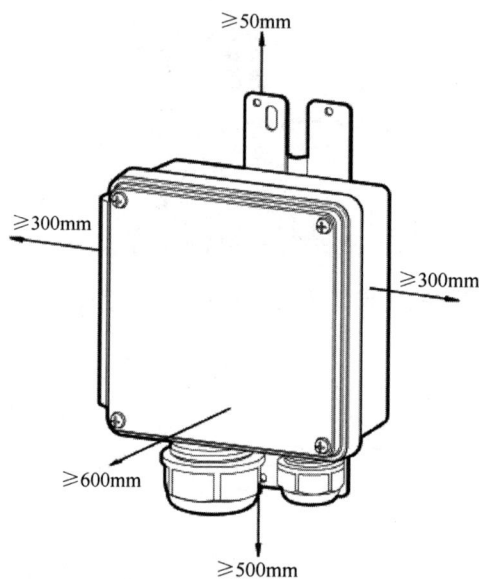

图 3-61　确定安装位置示意

② 紧固安装件。首先确定 ODM 在抱杆上的安装高度，将安装件与抱杆贴合，将钢带从安装件穿过，然后绕抱杆一圈，使用 M6 内六角扳手交替拧紧两根钢带的紧固螺栓，紧固安装件，如图 3-62 所示。

③ 安装 ODM 到安装件上。将 ODM 背板顶部的两个销钉挂到安装件上，并向里推 ODM 盒体，直到 ODM 卡在安装件上，使用双头内六角工具顺时针紧固转接件顶部的 1 颗螺钉，如图 3-63 所示。

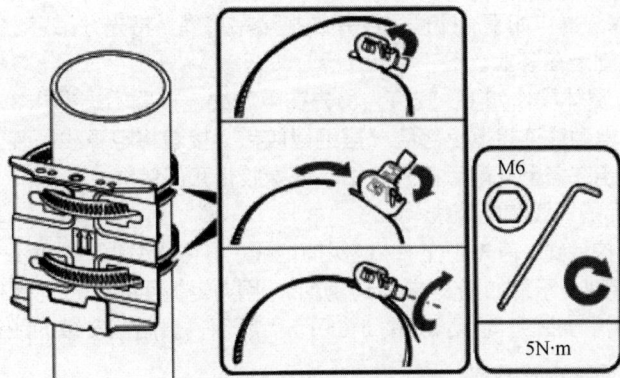

图 3-62　紧固安装件示意

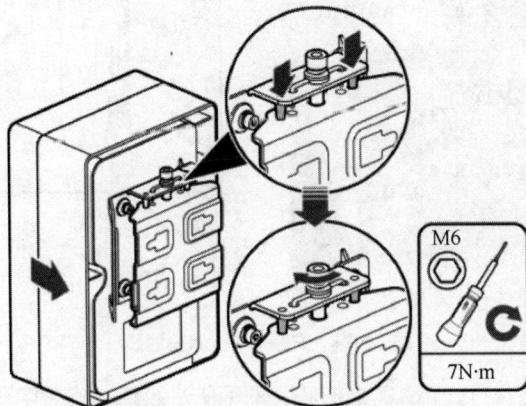

图 3-63　安装 ODM 到安装件上示意

④ 注意 ODM 安装方向。ODM 线缆进出口处于 ODM 正下方，这才是正确的安装方向，线缆进出口朝上或者朝两侧都是错误的，如图 3-64 所示。

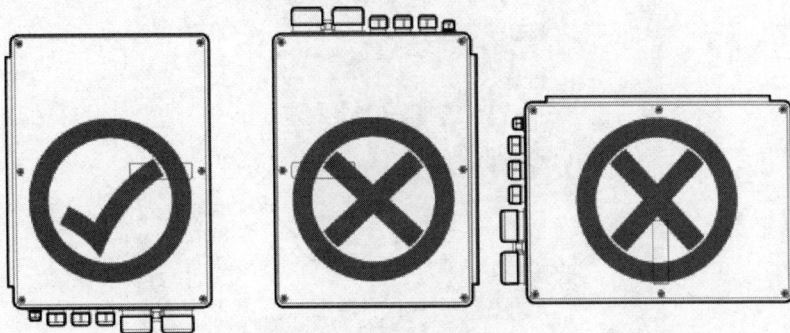

图 3-64　ODM 安装方向示意

4．线缆布放

线缆布放主要包括线缆上塔、安装 AAU 保护地线和电源线、安装 CPRI 光纤、固定光纤和电源线、安装电源线接地夹和安装信号线接地夹这几部分操作。接下来对以上内容分别展开介绍。

（1）线缆上塔

线缆上塔包括光纤上塔和电源线上塔。

① 光纤上塔。具体操作如下：整理光纤并绑扎至吊装绳，将光纤吊装上塔，光纤上塔后，用线缆固定夹将其垂直固定在塔上。

② 电源线上塔。具体操作如下：安装人员先在电源线连接器下端绑扎 3 根线扣，将电源线固定在吊装绳上，再在电源线连接器上缠绕一层绝缘胶带。接着将电源线吊装上塔，上塔后，用线缆固定夹将其垂直固定在塔上，最后拆卸线扣、绝缘胶带和吊装绳。

（2）安装 AAU 保护地线和电源线

① 安装 AAU 保护地线。首先制作 AAU 保护地线，再将 AAU 保护地线一端紧固到安装件的接地端子上，AAU 接地点示意如图 3-65（a）所示，用力矩扳手紧固接地螺栓，另一端 OT 连接到外部接地排，OT 端子安装方向示意如图 3-65（b）所示，最后在安装的线缆上粘贴标签。

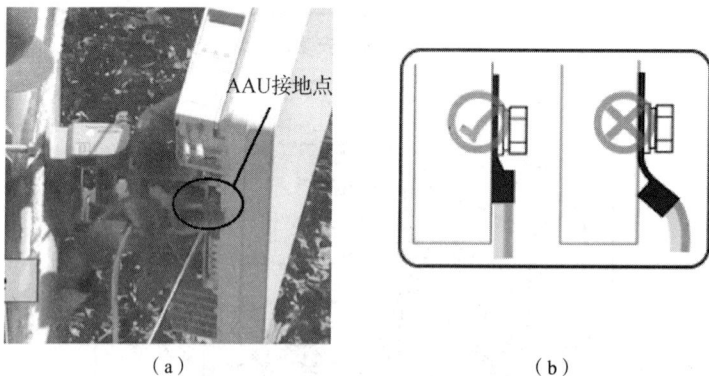

（a）　　　　　　　　　　　　　（b）

图 3-65　安装 AAU 保护地线

② 安装 AAU 电源线。打开 AAU 维护腔，取下防水胶棒，安装电源线。将电源线另一端连接到供电设备相应的接口上，如图 3-66 所示，最后在安装的线缆上粘贴标签。

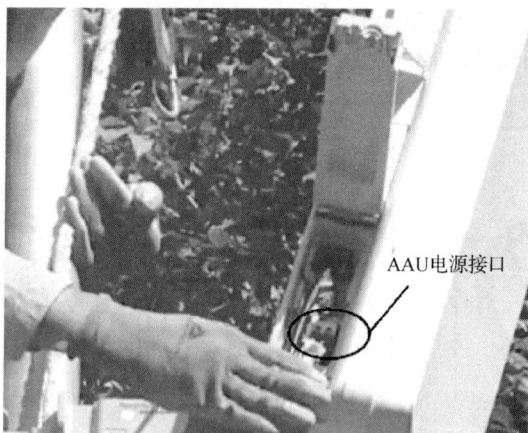

图 3-66　安装 AAU 电源接口

（3）安装 CPRI 光纤

打开 AAU 维护腔，将光纤上标签为 1A 和 1B 的一端连接到 AAU 侧的光模块中，将光纤上标签为 2A 和 2B 的另一端连接到 BBU5900 侧光模块中，如图 3-67 所示。安装光纤完成后，没有安装线缆的走线槽需用防水胶棒堵上，防止漏水，并在安装好的线缆上粘贴标签。

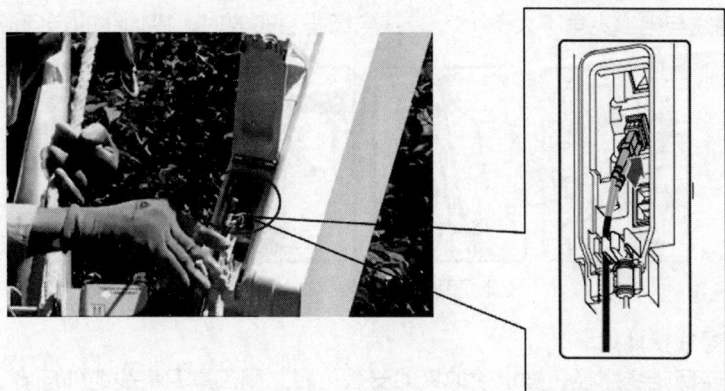

图 3-67　安装 CPRI 光纤

（4）固定光纤和电源线

选择合适的固定夹：华为生产的固定夹有两类，即 1 卡 3 固定夹和 1 卡 6 固定夹，如图 3-68 所示。其中，1 卡 3 固定夹适用于馈线，1 卡 6 固定夹适用于 CPRI 光纤和电源线。安装 5G AAU 一般选择 1 卡 6 固定夹。线缆固定夹默认标准是距离 2m 安装一个固定夹，实际安装距离根据现场情况灵活调整（但不大于 2m），如图 3-69 所示。安装固定架时，先打开固定夹，在相应的孔洞中完成光纤和电源线的走线，再拧紧螺母固定线缆，最后把固定夹固定在走线梯或走线架上。

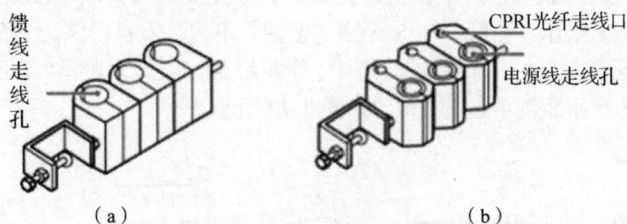

图 3-68　华为生产的固定夹

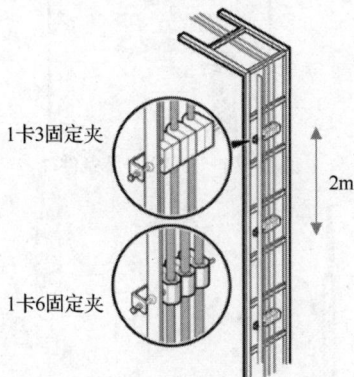

图 3-69　走线架上线缆的固定

（5）安装电源线接地夹

用工具刀将电源线外皮剥去 63mm 左右，露出屏蔽层，注意环切外皮时切勿破坏屏蔽层。将接地夹铜片紧裹在线缆屏蔽层上，用扎线带绑扎紧密，沿着扎线带头部平齐剪断，不留锋边，如图 3-70 所示。在接地夹处缠绕 3 层防水胶带和 3 层绝缘胶带，注意胶带应先从下往上逐层缠绕，再从上往下逐层缠绕，最后从下往上逐层缠绕。逐层缠绕胶带时，上一层胶带覆盖下一层胶带约

1/2，接地夹接地线与电缆夹角不大于15°，在电缆垂直布放时，接地线的走向应由上往下。

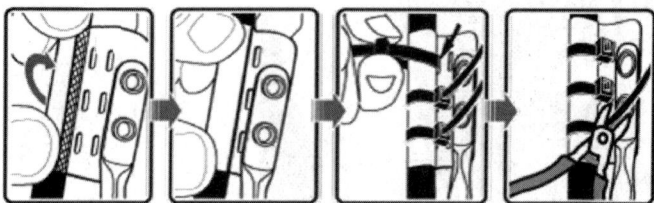

图3-70　安装接地夹铜片并绑扎

（6）安装信号线接地夹

首先，根据实际走线路径，确定接地夹的安装位置，用工具刀将线缆外皮剥去32mm左右，露出屏蔽层。其次，将接地夹套在露出屏蔽层的线缆表面，用螺钉旋具拧紧接地夹螺钉。再次，在接地夹处缠绕3层防水胶带和3层绝缘胶带。最后，连接接地夹线缆接地线到外部接地排上。

5. GPS 安装

GPS安装主要包括GPS天线安装、GPS馈线安装和GPS避雷器安装。接下来就对以上内容分别展开介绍。

（1）GPS天线安装

具体操作如下。

① 选择GPS安装位置。选取GPS安装位置时，首先要确保GPS天线向上仰角90°范围不能有遮挡物，如图3-71所示。否则，GPS天线"搜星"不足，没有办法为基站提供符合要求的同步信号。另外，GPS天线应在避雷针保护区域中，避雷针保护区域为避雷针顶点下倾45°范围内，避雷针与GPS天线的水平距离要超过2m，如图3-72所示。

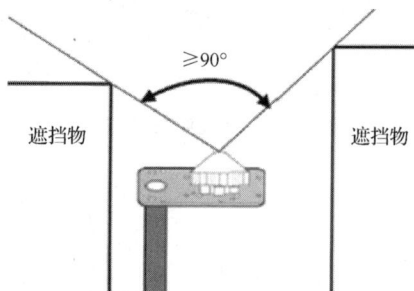

图3-71　GPS安装条件1

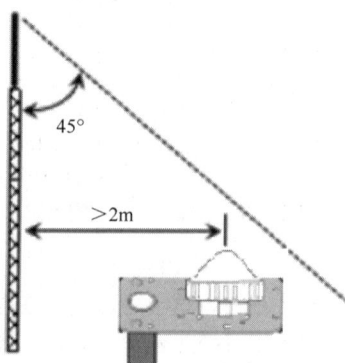

图3-72　GPS安装条件2

② 安装 GPS 天线至天线支架上。GPS 支架可以选择抱杆安装，也可以选择挂墙安装，或者选择地面安装。如果选择抱杆安装，则需要通过 U 型卡将支架固定在抱杆上，如图 3-73 所示。如果选择挂墙安装，则需要在墙上用冲击钻打孔，用螺钉把支架固定到墙面上，如图 3-74 所示。如果选择地面安装，则需要用冲击钻在地面上打孔并固定，如图 3-75 所示。

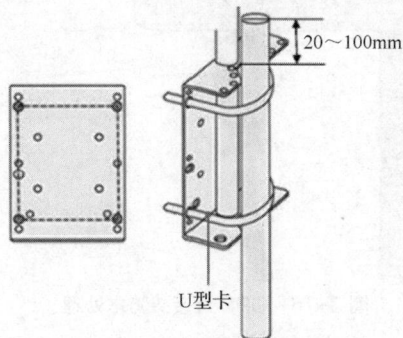

图 3-73　GPS 支架抱杆安装

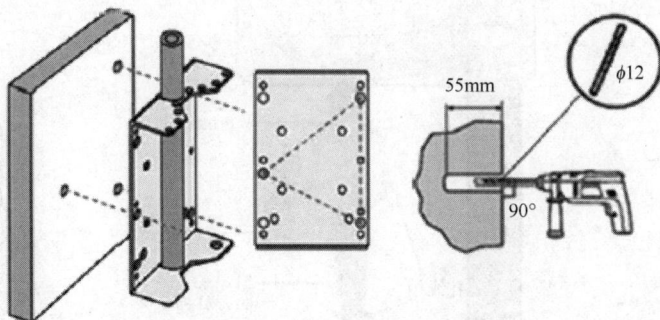

图 3-74　GPS 支架挂墙安装

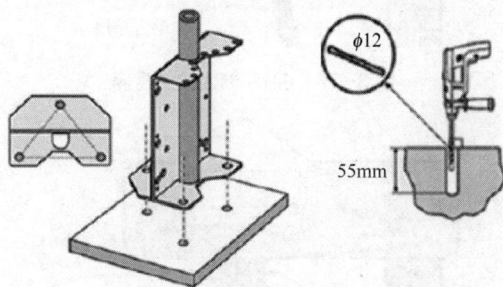

图 3-75　GPS 支架地面安装

③ 将 GPS 天线固定在支架上，拧紧螺钉。

④ 进行 GPS 连接头的防水处理。遵照防水制作要求，连接头要达到"1+3+3"的要求，即 1 层绝缘胶带加 3 层防水胶带再加 3 层绝缘胶带，如图 3-76 所示。

（2）GPS 馈线安装

具体操作如下。

① 连接 GPS 馈线。GPS 馈线连接到 GPS 天线上有两种方式。第一种方式：天线一侧连接避雷器，避雷器的 Protect 端接天线，Surge 端接 GPS 馈线，在避雷器和馈线连接处要遵循"1+3+3"的防水处理要求，如图 3-77 所示。另外，馈线需要做避雷接地。第二种方式：直接把 GPS 馈线

连接到 GPS 天线上，遵循 "1+3+3" 的防水处理要求即可，如图 3-78 所示。

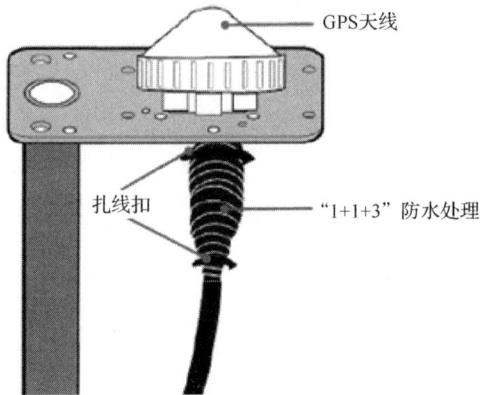

图 3-76　GPS 连接头防水处理

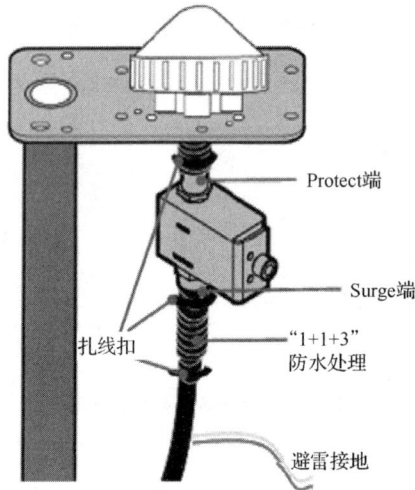

图 3-77　GPS 馈线接避雷器

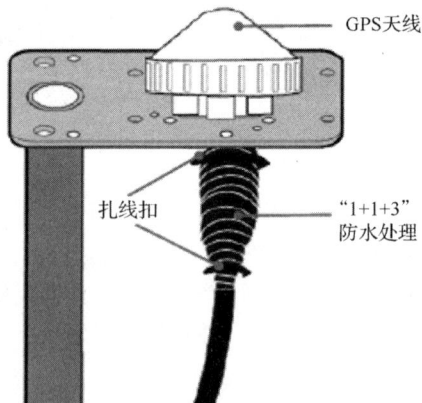

图 3-78　GPS 馈线接 GPS 天线

②　馈线布线。将 GPS 馈线合理布放在相应的走线架上，并通过馈线固定夹进行固定。每两个馈线固定夹之间的距离应该不超过 2.5m，如图 3-79 所示。

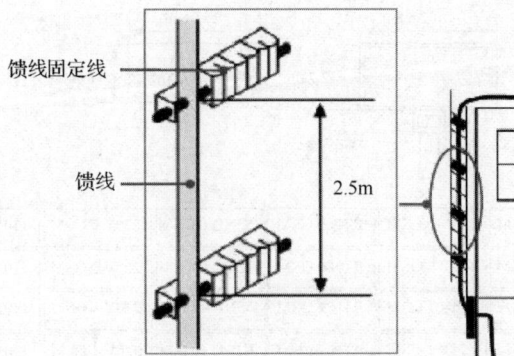

图 3-79 馈线布线

③ 把 GPS 馈线穿过机房侧的走线孔。馈线穿过走线孔时，需要制作防水弯，防止下雨天雨水流入馈孔，如图 3-80 所示。最后紧固密封馈窗。

图 3-80 制作防水弯

（3）GPS 避雷器安装

具体操作如下：将 GPS 时钟信号线固定到支架上，将支架固定到机柜左侧壁上；连接 GPS 时钟信号线到 BBU 主控板单板的 GPS 端口上，用活动扳手或力矩扳手将 GPS 避雷器的 Protect 端固定在星卡时钟线端的 N50 直母型连接器上，制作来自天线端的 GPS 跳线 N 型接头，安装 GPS 跳线。

3.1.6 标签制作粘贴操作

在设备众多、线路复杂的机房环境下，标签可以起到标识和提示的作用。完成线缆的安装后，需进行标签制作。标签一般分为束线式工程标签、刀形工程标签、标牌式工程标签及色环标签 4 种。

1. 束线式工程标签

束线式工程标签由 3 部分组成，即标牌、束线和标签，其样例如图 3-81 所示。束线式工程标签的制作粘贴步骤如下：从整版打印好的标签上揭下待粘贴的标签，并提前准备好线扣标识牌，把标签粘贴在标识牌上；线扣在线缆上的默认绑扎位置为距离插头 2cm 处，如图 3-82 所示，标签朝外，并拉紧线扣，使其不能相对线材自由移动；用剪钳将线扣的多余部分齐根剪掉，断口要平齐，以免划手。

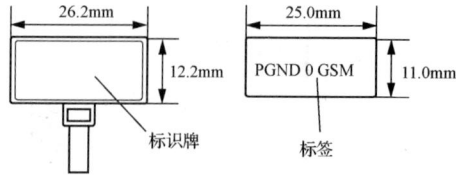

−48V 0 GSM	+24V 0 GSM	RTN 0 GSM	PGND 0 GSM	220V 0 GSM	110V 0 GSM
−48V 0 GSM	+24V 0 GSM	RTN 0 GSM	PGND 0 GSM	220V 0 GSM	110V 0 GSM
−48V 1 GSM	+24V 1 GSM	RTN 1 GSM	PGND 1 GSM	220V 1 GSM	110V 1 GSM
−48V 1 GSM	+24V 1 GSM	RTN 1 GSM	PGND 1 GSM	220V 1 GSM	110V 1 GSM

图 3-81　束线式工程标签样例

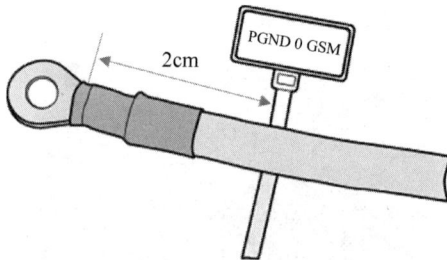

图 3-82　线扣标识牌安装

2. 刀形工程标签

刀形工程标签由两部分组成，即带标识的主体和绕过线缆起捆绑作用的长边，其样例如图 3-83 所示。刀形工程标签的制作粘贴步骤如下：将长边绕过线缆粘贴到主体部分，默认粘贴位置为距连接器 2～10cm 处，标签主体部分与线材需有 2～3mm 的间距，如图 3-84 所示；将标签主体部分粘贴面向上翻折，翻折后上两边需平齐，如图 3-85 所示；标签安装完成后，标签文字朝外，所有标签的朝向应保持一致，如图 3-86 所示。

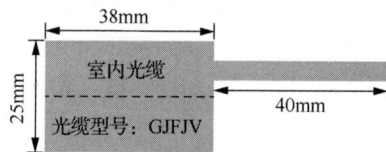

图 3-83　刀形工程标签样例

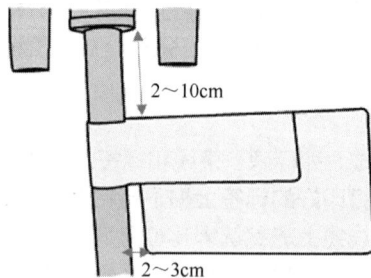

图 3-84　长边粘贴到主体

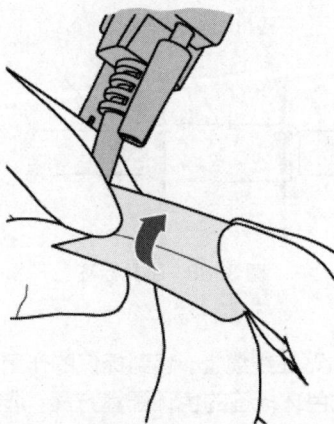

图 3-85　标签主体部分粘贴面向上翻折

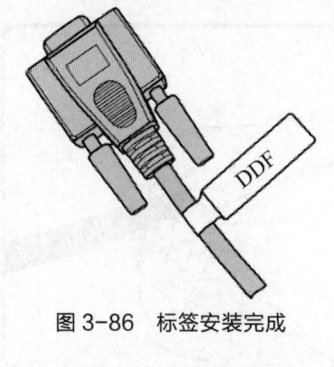

图 3-86　标签安装完成

3. 标牌式工程标签

标牌式工程标签由标签和标牌两部分组成，其样例如图 3-87 所示。标牌上下左右 4 个角各有 1 个孔，用于穿过线扣，方便线扣对线缆进行绑扎。标牌式工程标签的制作粘贴步骤如下：将线扣穿过标签上的孔，并将馈线标签绑扎在馈线或跳线上，如图 3-88 所示，为了使绑扎好标签的线扣整齐、美观，线扣的过孔方向要保持一致；拉紧线扣，固定标签和线缆，剪去多余线扣；标签文字朝外，所有标签的朝向应尽量保持一致。

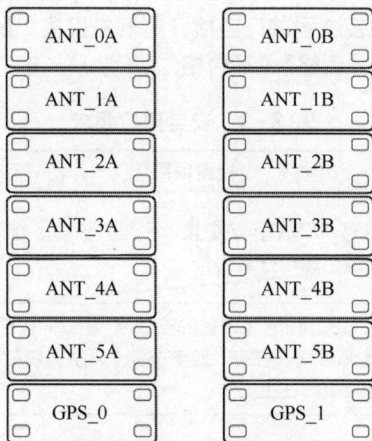

图 3-87　标牌式工程标签样例

线扣　　标签　　馈线或跳线

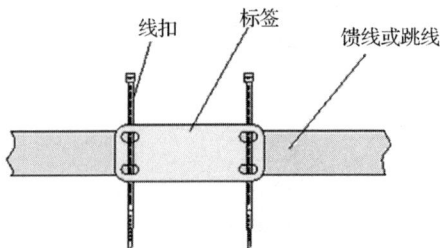

图 3-88　绑扎标签

4. 色环标签

色环标签主要通过色环胶带粘贴在线缆上，起到标识的作用。色环标签的制作粘贴步骤如下：确定色环的粘贴位置，参照天馈线色环标签的色环配置方案，选择色环的颜色和数量，进行粘贴，如图 3-89 所示；色环缠绕时应方向一致，上层准确、完整地压住下层，每一层都要压紧，每道色环缠绕 2 或 3 层；标签文字朝外，所有标签的朝向应保持一致。

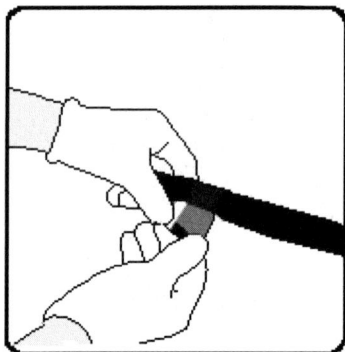

图 3-89　粘贴色环

3.1.7　安装收尾

安装收尾包括安装自检、上电测试和清理离场 3 步。下面分别对这些操作进行介绍。

1. 安装自检

按照表 3-3 对安装硬件和安装过程进行自检。对于主设备、配套设备和相关线缆的安装检查项目，分别填写检查结果，选择"合格""不合格""不涉及"中的一项打对勾即可。

表 3-3　安全自检要求

分类	序号	检查项目	检查结果
主设备	1	机柜与地面的电阻≥5MΩ；绝缘垫、平垫、弹垫、螺母按照从下到上的顺序正确安装，螺母拧紧到位	合格□ 不合格□ 不涉及□
	2	IMB05侧面贴有BBU和电源设备的安装槽位图，需按图示位置安装；BBU在右侧，电源模块在左侧；应使BBU风扇模块在下方，电源模块的外部输入电源接口在上方	合格□ 不合格□ 不涉及□
	3	每个BBU与AAU接口采用2个25Gbit/s光模块，BBU与PTN接口采用10Gbit/s光模块	合格□ 不合格□ 不涉及□

续表

分类	序号	检查项目	检查结果
配套设备	4	电源接 PDF 一次下电位置，直流配电柜空开或熔丝的额定电流为 63～100A	合格□ 不合格□ 不涉及□
	5	假拉手条及假面板应规范安装；单板拔插顺畅，若单板的面板有螺钉，则应松紧适度，弹簧钢丝完好；不用的假面板应回收交由督导	合格□ 不合格□ 不涉及□
线缆	6	DCDU-12B 的电源线接线端子排序遵循以下标准：AAU 的电源线按照 1 小区 -LOAD0/LOAD1，2 小区 -LOAD2/LOAD3，3 小区 -LOAD4/LOAD5，BBU-LOAD8/LOAD9 的顺序排列，且与光纤序号对应一致	合格□ 不合格□ 不涉及□
	7	设备顶部线缆出线遵循以下标准：DCDU 电源线位于左前方，光纤位于左侧中部，地线位于左后方，AAU 电源线位于右前方，GPS 馈线位于右侧中部，告警线位于右后方	合格□ 不合格□ 不涉及□
	8	机柜内电缆连接时，应尽量不交叉，不能拉得过紧，拐弯处一定要留有余量，电缆弯折整齐一致	合格□ 不合格□ 不涉及□
	9	接地：机柜与保护地排之间通过 25mm^2 地线可靠连接；BBU、DCDU 安装在华为机柜中时，不需要另外接地，安装在非华为机柜中时，需用 6mm^2 接地线通过侧面或背部接地点连接至就近机柜地排	合格□ 不合格□ 不涉及□

2. 上电测试

上电测试的具体步骤如下。首先用万用表电阻挡测量外部接入电源和地间的电阻值，确保无短路现象。此时开启外部电源空开功能，给 DCDU-12B 上电，测量 DCDU-12B 输出电压是否正常：如果输出电压不正常，则需要在 DCDU 和外部供电设备之间进行排障；如果输出电压正常，则将 DCDU-12B 上给 BBU 供电的电源空开置于"ON"。若 DCDU-12B 上无电源空开，则连通对应设备的接线端子。给 BBU 上电，通过检查 BBU 单板指示灯状态确定 BBU 是否正常工作：如果不正常，则需要排查 DCDU-12B 与 BBU 之间的供电故障；如果确定 BBU 启动正常，则可以给 AAU 上电，将 DCDU-12B 上给 AAU 供电的电源空开置于"ON"。通过检查 AAU 单板指示灯状态确定 AAU 是否正常工作：如果不正常，则需要排查 DCDU-12B 与 AAU 之间的供电故障；如果确定 AAU 上电正常，则上电测试结束。

注意，BBU 和 AAU 的上下电要遵循 BBU 先上电，AAU 后上电；AAU 先下电，BBU 后下电的顺序。

3. 清理离场

清理离场工作包括清洁打扫机房及天馈施工区域，将施工垃圾打包带离站点；拍摄完工照片，以作为验收文档资料，填写机房出入记录；关闭机房门锁，通知网管中心，确认无告警后离站。

3.2 无线设备硬件安装规范

无线设备硬件安装规范化是优秀施工质量的保证，是 5G 网络安全可靠运行的保证。本节主要对无线主设备、配套设备和相关线缆的安装质量关键点进行介绍。

3.2.1　无线主设备安装质量关键点

主设备安装质量关键点主要讨论 BBU 及 AAU 的安装。

1. BBU 安装质量关键点

BBU 安装需注意以下几点。

① BBU 同 AAU 之间的接口使用 25Gbit/s 光模块，BBU 同传输设备之间使用 10Gbit/s 光模块，均为单模。

② BBU 同机柜门或机架内已有设备平齐安装，4 个面板螺钉拧紧，设备安装牢固，机柜门开关正常。

③ BBU 连续间隔 1U 安装，每个 BBU 下方建议安装一个挡风板，单机柜 BBU 数量不超过 10 个。

BBU 集中安装环境需遵循以下原则。

① 前进风机柜前后门均开孔，建议选取开孔率及孔径尽量大的机柜，最低要求前门开孔率应不小于 60%，孔径应为 4.5～8mm，开孔区域面积比应不小于 80%；后门开孔率应不小于 50%，孔径应为 4.5～8mm，开孔区域面积比应不小于 70%。开孔率过低的机柜会影响散热，可根据实际情况拆除机柜前后门改善散热情况（需客户同意），如无法拆除前后门，则建议客户更换符合要求的机柜。

② 需要保证 BBU 左右两侧预留 75mm 的通风空间，且避免导轨、机柜横梁等物体遮挡；BBU 面板前方预留不小于 80mm 的走线空间。

③ 并列排放的机架间应有侧板隔离（机柜已有无孔侧壁的除外），避免风道串联。

BBU 挡风板安装要注意：如果 BBU 安装有挡风板，则相邻 BBU 间距为 1U 时增加 1 块挡风板，间距为 2U 时增加 2 块挡风板，以此类推；BBU 与 BBU 之间至少预留 1U 或者 1U 整数倍的空间，该空间内必须连续安装挡风板（不允许采用其他设备代替）；挡风板的进、出风道及开孔不允许遮挡。

2. AAU 安装质量关键点

AAU 安装需注意以下几点。

① 60～114mm 的安装件适用于普通抱杆场景安装。

② 114～400mm 的安装件适用于粗抱杆场景安装。

③ 现场安装件需要同实际安装场景匹配。

④ 上、下主扣件安装正确，上主扣件标识为 UP，下主扣件标识为 DOWN。

⑤ 上、下扣件安装朝向正确，箭头朝上。

⑥ 扣件孔位正确，双螺母固定并拧紧。

⑦ 严禁在对 AAU 调角时直接松开上扣件，直接松开上扣件可能会引起 AAU 掉落。

⑧ AAU 抱杆长度是否足够（大于等于 1.5m）。

⑨ AAU 不允许跨抱杆安装。

⑩ AAU 不允许安装在倾斜抱杆和水平抱杆上，只允许安装在垂直于地面的抱杆上。

⑪ AAU 维护腔防水胶塞不能剪断，未走线的接口使用防水胶棒塞好。

⑫ AAU 方位角、下倾角与设计图纸一致（最大误差：方位角 5°，下倾角 0.5°），扇区关系正确，线缆标识清晰。

AAU 安装环境需遵循以下原则。

① AAU 不允许安装在空调外机出风口、烟囱口等热源位置，不允许安装在金属架后面。

② 美化罩场景，美化罩尺寸是否符合要求，是否有开孔通风窗且开孔尺寸是否符合要求等，

我国对于 AAU5613 美化罩场景的要求如表 3-4 所示。

表 3-4　我国对于 AAU5613 美化罩场景的要求

要求类别	具体要求
美化罩尺寸要求	800mm × 800mm
美化罩高度	大于等于 2000mm，具体高度要结合周边女儿墙的高度影响，由客户自行确定
美化罩内抱杆高度提示	抱杆高度要考虑女儿墙的高度影响，由客户根据站点现状自行确定
美化罩内抱杆位置要求	抱杆要求左右位置可调，抱杆中心与美化罩背部的距离建议为 160mm
美化罩材质要求	美化罩材质建议采用玻璃钢，禁止采用金属材质或金属支撑架
美化罩散热开窗要求	若底部和顶部的 4 个侧面都开窗，则开窗尺寸建议大于等于 500mm × 200mm，或底部镂空大于等于 700mm × 700mm。 或顶部 4 面开窗（正面大于等于 500mm × 200mm，侧面大于等于 500mm × 200mm）或底部镂空大于等于 700mm × 700mm；顶部镂空大于等于 700mm × 700mm。 若 4 个侧面没有散热窗，则必须有底进风口；后维护门顶高度要大于 AAU 顶部 200mm 以上，要求后维护门一直开着
美化罩维护开门要求	背部和右侧（维护腔侧）开维护门，维护门宽度建议大于等于 500mm
美化罩内部 AAU 占用的可用高度	单个 AAU5613 抱杆安装，美化罩内部 AAU 占用的可用高度建议为 1300mm
机械下倾调角能力	15°
水平方向调角能力	−45°～+45°

3.2.2　无线配套设备安装质量关键点

无线配套设备安装质量需要注意的关键点主要涉及 4 个方面：电源相关设备质量、GPS 安装质量、接地质量、GPS 馈线接地质量。其对应的关键点的具体介绍如下。

1. 电源相关设备质量关键点

① 电源柜空开容量满足要求、标签整齐、接头牢固不露铜，电源线、接地线端子型号和线缆直径相符，采用整段材料，中间不能有接头。

② DCDU-12B 的电源线接线端子排序遵循以下标准：AAU 的电源线按照 1 小区-LOAD0/LOAD1、2 小区-LOAD2/LOAD3、3 小区-LOAD4/LOAD5、BBU-LOAD8/LOAD9 的顺序排列。

③ DCDU 同机柜门或机架内已有设备平齐安装，4 个面板螺钉拧紧，设备安装牢固，机柜门开关正常。

2. GPS 安装质量关键点

① GPS 天线应在避雷针 45° 的保护区域内。

② GPS 天线支架安装稳固，天线垂直张角 90° 范围内无遮挡。

③ 两个或多个 GPS 天线安装时要保持 2m 以上的间距。

④ 避雷器安装在室内进馈窗内 1m 处或机框下侧，避雷器和走线架绝缘。

3. 接地质量关键点

① 机柜或机架与保护地排之间通过 16mm² 地线可靠连接；BBU、DCDU 安装在华为机柜中或机架上时，不需要另外接地。

② BBU、DCDU 安装在非华为机柜中或机架上时，需用 6mm^2 接地线通过侧面或背部接地点连接至就近机柜地排。

③ AAU 电源线在维护腔内和馈窗外或室外机柜接地排上接地，AAU 维护腔内电源线屏蔽层通过压线端子可靠接地，进入馈窗或在进室外机柜前使用接地夹接地。

④ 楼顶抱杆场景：AAU 接地线应接到楼顶上距离最近的、可靠的接地排或者接地带上。塔站场景：AAU 接地线应就近接到铁塔的接地排（建议两者间距小于 5m）或者铁塔本体上。路边杆灯杆场景：直流 AAU 保护地线应就近连接到接地排上，长度越短越好，最好不超过 5m，接地线推荐走杆内，如果在走杆外，则建议穿管保护；抱杆/美化树本身应接地。

⑤ AAU 需单独接地，不建议级联接地（如果站点不具备单独接地条件，只能安装 AAU 级联等电位线，则等电位线长度最好不超过于 2m。当后续需要维护单个 AAU 时，各个等电位的 AAU 必须同时下电）。

⑥ 每根地线单独压接接地端子，一个接线柱上安装两根或两根以上的电线电缆时，采取交叉或背靠背安装方式，室外馈线接地应先去除接地点氧化层。

⑦ 所有连接到汇接铜排的地线在满足布线基本要求的基础上选择最短路由；对于无塔的建筑物顶部天馈接地，应接至附近的屋顶防雷地排上。

4. GPS 馈线接地质量关键点

GPS 馈线接地包括 GPS 上塔场景和 GPS 普通非上塔场景。下面分别介绍这两个场景下的安装质量关键点。

（1）GPS 馈线接地（GPS 上塔场景）

① GPS 馈线在天线下部 1m 处通过接地夹接地。

② GPS 馈线下塔位置接地点：馈线长度 $L \leq 5m$ 时，馈线在下铁塔转弯处不增加接地点；$L > 5m$ 时，馈线在下铁塔转弯处上方 0.5m～1m 内增加一个接地点。接地线线径不小于 6mm^2。

③ GPS 馈线进入室内或室外机柜之前，利用馈线屏蔽层通过接地夹接室外接地排，或就近连接到楼顶的接地网/接地带上。

GPS 馈线接地（GPS 上塔场景）示意如图 3-90 所示。

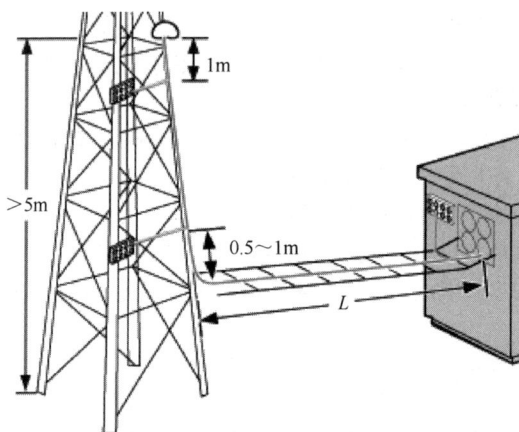

图 3-90 GPS 馈线接地（GPS 上塔场景）示意

（2）GPS 馈线接地（GPS 普通非上塔场景）

① GPS 普通非上塔场景（屋顶、楼顶、走线架、铁塔底部等）下的 GPS 馈线室外走线应全程绝缘，严禁接地，总长度越短越好。

② 线缆与其他尖锐金属做绝缘处理。

3.2.3　无线相关线缆制作安装质量关键点

无线相关线缆制作安装质量需要注意的关键点主要涉及 4 个方面：BBU 走线质量、AAU 走线质量、线缆质量、标签质量。其对应关键点的具体介绍如下。

1. BBU 走线质量

① 设备顶部线缆出线遵循以下标准：DCDU 输入电源线位于左前方，AAU 光纤/传输光纤位于左侧中部，地线位于左后方，AAU 电源线位于右前方，GPS 馈线位于右侧中部。

② BBU 到 AAU 的 CPRI 铠装光缆，两端都是 DLC 头子，BBU 侧为长分支（0.34m），AAU 侧为短分支（0.03m），多余的盘好放在室外 AAU 侧。

③ 机柜内电缆连接时，应尽量不交叉，不能拉得过紧，拐弯处一定要留有余量，电缆弯折整齐一致。

④ 假拉手条及假面板应规范安装，单板拔插顺畅，若单板的面板有螺钉，则其应松紧适度，弹簧钢丝完好。

⑤ 电源线尾纤不允许遮挡 BBU 机框进、出风口。

2. AAU 走线质量

① 室外电源线接地夹接头处均应按规范正确做防水密封处理——"1+3+3"防水。

② AAU 处的光缆和所有馈线窗的入线应该做防水弯。如有波纹管，则防水弯最低处需作排水口处理。

③ 接地线要求顺着馈线下行的方向，不允许出现"回流"现象，夹角以不大于 15°为宜。

3. 线缆质量

① 所有线缆要采用整段材料，接头需按规范要求制作并确保可靠连接。

② 电源线、接地线端子型号和线缆直径相符，芯线剪切齐整，不得剪除部分芯线后用小号压线端子压接。

③ 电源线、地线布线应整齐美观，转弯处要有弧度，弯曲半径大于 50mm（不小于线缆外径的 20 倍），且保持一致，多余的要剪除，不能盘绕。

④ 线缆离开机柜及馈线窗 1m 以外不允许有交叉，1m 以内不得缠绕和扭绞。

⑤ 跳线、裸纤光纤弯曲半径应不小于 40mm；光纤分支弯曲半径不应小于 30mm；同轴电缆的弯曲半径不小于其直径的 10 倍。

⑥ 光缆通过分纤盒分纤时，尾纤保护套管端头距离分纤盒不得超过 0.5m。

⑦ 线缆绑扎应整齐美观，线扣间距均匀，松紧适度，朝向一致，所有室内线扣必须齐根剪平且不拉尖。

⑧ 室外线缆绑扎时需用黑色扎带，扎带剪断时应预留 3 ~ 5mm 的余量。

4. 标签质量

标签质量要求：按规范填写标签并粘贴，标签位置整齐，朝向一致，色环标签缠绕整齐、牢固，也可根据客户要求统一制作标签，以便于查看。

📓 本章小结

本章主要介绍了 5G 无线站点设备安装规范及实操，通过本章的学习，读者应该掌握 5G 无线设备硬件安装流程，了解无线设备硬件安装操作。本章的知识框架如图 3-91 所示。

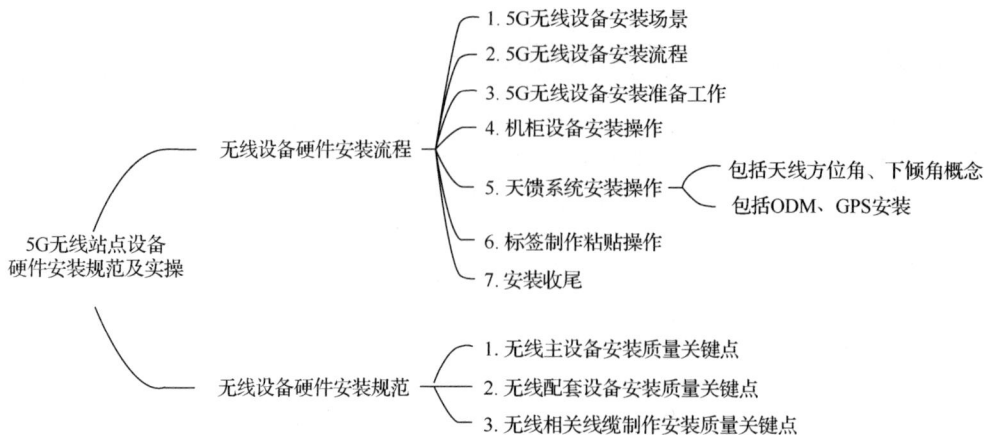

图 3-91　5G 无线站点设备硬件安装规范及实操知识框架

首先，本章介绍了无线设备硬件安装流程，分别对 5G 无线设备安装场景、操作步骤、安装准备工作、机柜设备安装操作、天馈系统安装操作（包括天线方位角和下倾角的概念以及 ODM 和 GPS 的安装）、标签制作粘贴操作和安装收尾工作进行了具体阐述。

其次，本章介绍了无线设备硬件安装规范，包括无线主设备安装质量关键点、无线配套设备安装质量关键点和无线相关线缆制作安装质量关键点。

课后练习

一、单选题

（1）BBU 同 AAU 之间的接口使用（　　）光模块。

　　A．10Gbit/s　　　　　　B．15Gbit/s　　　　　　C．20Gbit/s　　　　　　D．25Gbit/s

（2）GPS 天线应在避雷针（　　）的保护区域内。

　　A．30°　　　　　　　　B．45°　　　　　　　　C．60°　　　　　　　　D．90°

（3）两个或多个 GPS 天线安装时要保持（　　）以上的间距。

　　A．2m　　　　　　　　B．4m　　　　　　　　C．6m　　　　　　　　D．8m

（4）楼顶站一般适用的场景为（　　）。

　　A．较空旷区域，需要覆盖较广范围

　　B．山林、湖泊等区域

　　C．大型商场、写字楼内部场所

　　D．城市建筑及人口密集区域

（5）BBU 连续间隔（　　）安装，每个 BBU 下方建议安装一个挡风板，单机柜 BBU 数量不超过（　　）。

　　A．1U，5 个　　　　　B．1U，10 个　　　　　C．2U，5 个　　　　　D．2U，10 个

（6）AAU 安装流程包括：①安装光模块；②安装地线、电源线、光纤等线缆；③安装下倾支臂和安装件；④吊装上塔/楼顶；⑤调节天线机械下倾角。其正确的顺序是（　　）。

　　A．①③④②⑤　　　　B．③④②①⑤　　　　C．③①②④⑤　　　　D．③①④②⑤

（7）关于天线下倾角，说法错误的是（　　）。

　　A．指无线电波主瓣的覆盖方向与水平方向的夹角

B. 安装时需要严格根据规划设计的参数进行设置

C. 分为机械下倾角和电下倾角

D. 机械下倾不会导致波瓣变形

（8）ODM 线缆进出口正确的安装方向是（　　　）。

    A. 处于 ODM 正上方　　　　　　　　B. 处于 ODM 正下方

    C. 处于 ODM 左侧　　　　　　　　　　D. 处于 ODM 右侧

（9）关于 GPS 的安装，说法正确的是（　　　）。

    A. 安装时远离如电梯、空调等电子设备或其他电器，天线位置应当至少远离大的金属物体 2m，并与基站天线垂直距离大于 1m

    B. GPS 馈线长度要求尽量短，当馈线长度较长时，需要增加 RF 放大器

    C. GPS 天线安装无须保持垂直

    D. 如果在北半球，则应尽量将 GPS 天线安装在安装地点的北边

（10）关于光纤安装与布放的操作，说法错误的是（　　　）。

    A. 光纤弯曲半径须大于自身线径的 20 倍

    B. 光纤连接线在槽道内应加套或线槽保护。无套管保护部分宜用活扣扎带绑扎，扎带不宜扎得过紧

    C. 光纤从馈窗处进线，沿走线梯到达机架背侧

    D. DDF 为光纤配线架

二、多选题

（1）关于下倾角，说法正确的有（　　　）。

    A. 电下倾角是天线内部不同相位的阵子发出的无线电波叠加形成的下倾角，因此可以通过调整天线阵子的相位来改变电下倾角

    B. 增大电下倾角可以减小无线电波主瓣覆盖范围，同时不会导致波瓣变形

    C. 机械下倾角通过倾角仪测量，通过调节天线下倾支臂来调整

    D. 机械下倾角设置得过大时，在减小无线电波主瓣覆盖范围的同时，会导致天线波瓣变形（即朝两边扩散）

（2）关于 5G 无线线缆制作与安装，说法正确的有（　　　）。

    A. 同类电缆应分开按条独立绑扎后放置到信号线槽内

    B. 底线、电源线与设备信号线应分开放置在走线槽内，并保持一定距离

    C. 设备引到走线架的所有线尽量绑扎在支架上，每隔 130mm 绑扎一次、间隔一致

    D. 所有信号线必须放入线槽内，线槽内的所有线进行每条独立绑扎；多余的连线不盘放在机架内或上方；所有走线不能交叉及空中飞线

（3）非标准化塔型包括（　　　）。

    A. 仿生树　　　　　　　　　　　　　B. 屋面景观塔

    C. 景观塔　　　　　　　　　　　　　D. 便携式塔房一体化

（4）机柜的安装方式包括（　　　）。

    A. 抱杆式安装　　　　　　　　　　　B. 靠墙式安装

    C. 水泥地打孔安装　　　　　　　　　D. 防静电地板安装

（5）关于 AAU 安装，说法正确的有（　　　）。

    A. AAU 不允许跨抱杆安装

    B. AAU 不允许安装在倾斜抱杆和水平抱杆上，只允许安装于垂直地面的抱杆上

    C. AAU 维护腔防水胶塞不能剪断，未走线的接口使用防水胶棒塞好

    D. AAU 方位角、下倾角与设计图纸一致

（6）站点 EHS 的风险评估包括（　　　）。

    A．天气不影响作业安全   B．工具准备充分

    C．站点设施安全完好   D．无危险野生动物

（7）站点 EHS 现场设置安全防护及标识需要的工具包括（　　　）。

    A．隔离带   B．安全标识   C．灭火器   D．急救箱

（8）标签一般分为（　　　）。

    A．束线式工程标签   B．刀形工程标签

    C．标牌式工程标签   D．色环标签

三、简答题

（1）基站铁塔的类型有哪些？

（2）简述无线设备安装流程。

（3）简述 BBU 安装关键点。

（4）简述 DCDU-12B 的电源线接线端子排序的标准。

（5）列举 AAU 不允许安装的位置。

（6）简述 AAU5613 安装总体流程。

（7）简述全向天线和定向天线的定义。

（8）简述天线方位角的定义。

（9）简述天线下倾角的定义，并简述机械下倾角和电下倾角的调整方法。

（10）简述上电测试的流程。

（11）简述多个 GPS 天线安装时的注意事项。

（12）简述全向天线安装时的原则。

第 4 章

5G通用操作安全保障

04

5G 基站和系统设备在安装、维护中必须遵守操作规范，以确保人员和设备安全。在华为 3900 和 5900 系列 5G 基站用户手册中设有相关安全注意事项。

本章主要介绍 5G 系统设备通用操作的安全规范，5G 基站和系统设备安全操作的具体执行，环境、健康和安全（EHS）管理的概念及其管理流程，并具体介绍登高、带电等作业的典型 EHS 管理流程。

本章学习目标

- 掌握 5G 系统通用操作安全规范
- 掌握 5G 系统安全操作执行概念
- 掌握 5G 系统相关作业的 EHS 管理与规范

4.1　通用安全规范

本节主要介绍通信安全规范，包括树立安全防范意识、安全紧急情况应对等内容，并详细介绍 5G 系统设备操作与维护的安全管理中涉及的人员管理、现场管理、规范制度和教育培训等方面的内容。

4.1.1　树立安全防范意识

根据著名的安全管理"金字塔"理论（海因里希法则）的概率统计，每发生 1 起死亡事故的同时，会发生 29 起损工事故、300 件医疗和限工事故、3000 起未遂事故和急救箱事件，以及 30000 起其他不安全行为引发的事件。图 4-1 所示为安全管理金字塔。该理论表明每一起死亡事故的背后，都有大量的不太严重的事故和不安全行为，需要注重工程施工中的安全防范工作，尽量避免各种不安全行为，最终达到减少或避免严重安全事故发生的目的。因此，安全工作要以安全第一、预防为主为原则。

图 4-2 所示为 5G 系统设备操作安全总则，工程施工的安全作业主要包括人员管理、现场管理、规范制度和教育培训 4 个方面。

人员管理方面的主要原则是特殊专业（登高、电焊工）操作人员要持有上岗证书，部门主管和项目经理担任安全生产责任人等。

现场管理方面主要包括设置警示标识、设备应急措施和人员安全救护措施等，在危险区域施工应装配必要的防护用具及安全作业工具。

规范制度方面主要是要遵守当地国家、客户现场安全管理制度，特定工程项目制定专门安全生产管理规定，遵循设计文件、产品安装规范和数据设定规范，以及分包商施工前提供施工方案等。

教育培训方面指开工前对施工人员进行安全生产教育，设置"站点安全施工随身卡"，以确保施工人员了解安全规范。

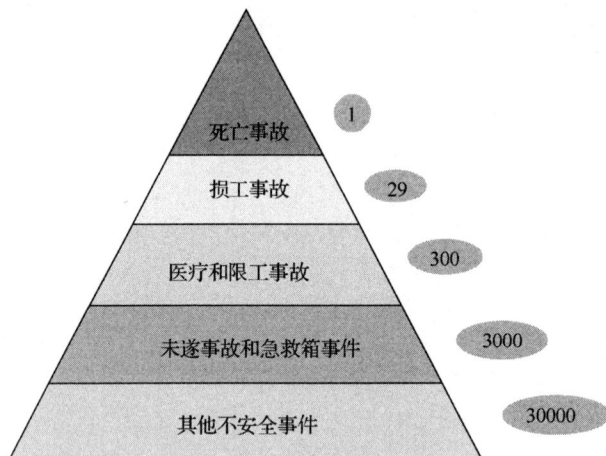

图4-1 安全管理金字塔

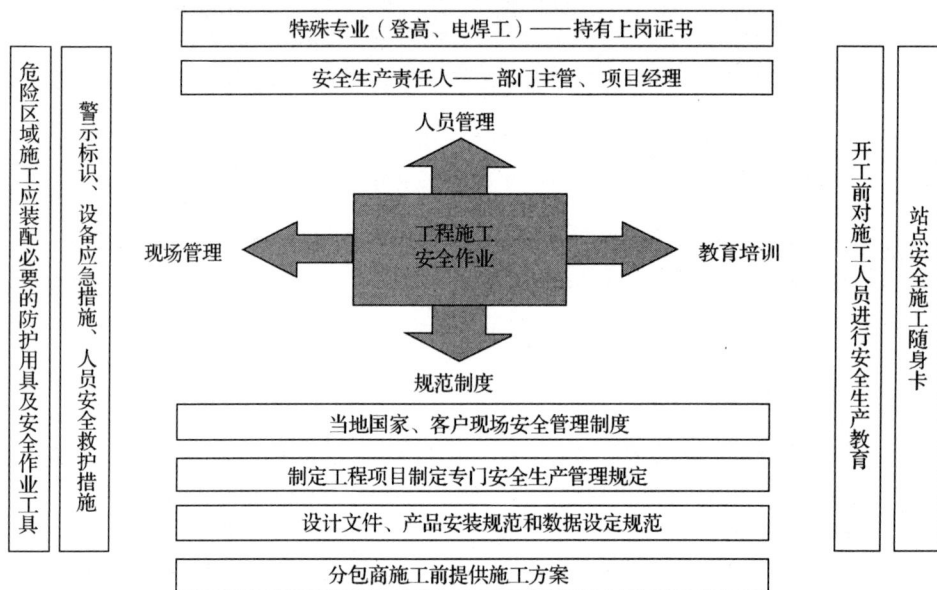

图4-2 5G系统设备操作安全总则

在工程施工之前，通常需要确认表4-1所示的问题，以保证安全施工。

表4-1 安全施工需要确认的问题

编号	问题描述
问题1	工程施工人员是否具备相关资质
问题2	接受的工程施工任务是否有适当的培训
问题3	接受的工程施工任务是否有配套的个人防护用品

编号	问题描述
问题 4	工程施工所需的工具和个人防护用品是否齐全
问题 5	工程施工前是否完成安全、风险评估
问题 6	是否了解安全标识、紧急事件处理方法等

在 5G 系统设备操作与维护的安全管理中，主要包括人员管理、现场管理、规范制度和教育培训 4 个方面。

施工人员必须身体健康，没有精神病、心脏病、突发性昏厥、色盲等妨碍作业的疾病及生理缺陷。

在重大操作之前，施工人员必须充分休息，不能以疲劳状态参与施工。

负责安装维护设备的人员，必须在经过严格培训，了解各种安全注意事项，掌握正确的操作方法之后，方可安装、操作和维护设备。

只允许有资质及培训过的人员安装、操作和维护设备。

替换和变更关键设备或部件（包括软件）必须由华为公司认证或授权的人员完成。

操作设备时，操作人员应遵守当地法规和相应规范，手册中的安全注意事项仅作为当地安全规范的补充。

施工人员主要涉及电工、焊工、制冷工和塔工，其相关的工作内容及资格认证要求可以参考表 4-2。

表 4-2　施工人员的工作内容及资格认证要求

工种	工作内容	资格认证要求
电工	对电气设备进行运行、维护、安装、检修、改造、施工、调试等作业	原国家安监局（现应急管理部）颁发的电工操作证、劳动厅颁发的电工从业资格证、国家电监会颁发的国家电工进网许可证
焊工	运用焊接或者热切割方法对材料进行加工作业，如电焊、气焊、弧焊、电焊气割、其他	国家应急管理部颁发的焊工操作证
制冷工	针对小、中、大型空调或制冷设备进行操作、维修、安装、调试作业	国家应急管理部颁发的制冷上岗操作证
塔工	登高架设作业，或高处安装、维护、拆除作业	国家应急管理部颁发的高处作业操作证

另外，施工人员的精神状态会影响事故发生的概率。当施工人员处于匆忙、自满、疲劳、受挫 4 种状态时，会导致走神、心不在焉、失去平衡/被拖住/被夹住等结果，这些将增加受伤害的危险系数。因此，施工人员一定要谨记自己的安全职责，具体如表 4-3 所示。

表 4-3　施工人员自身安全职责

编号	具体描述
安全职责 1	您是您健康和安全的第一责任人
安全职责 2	您工作中的行为，不能将您的伙伴或周边人员置于危险当中
安全职责 3	遵守安全准则，在必要的岗位您必须接受合适的培训
安全职责 4	不要妨碍使用或误用安全设施
安全职责 5	如果您在工作中受伤，则应立即报告
安全职责 6	如果有什么事情会影响到您的正常工作（如身体不适/受伤），则应及时告知您的上级
安全职责 7	如果您在操作机器、高空作业前服用了药物，而致使身体状态不佳，则您应及时告知您的上级

以下是工程施工安全交付口诀。

> 交付安全是第一，遵守流程重预防；
> 工程界面要清楚，客户设备禁操作；
> 特殊工种上岗证，危险区域应警示；
> 高空作业防坠落，高温操作注消防；
> 站点作业标准化，软件版本应授权；
> 重大操作审方案，现网操作须申请；
> 商业机密范围广，职业道德要遵守；
> 安全快速专业化，客户满意低成本。

4.1.2　安全紧急情况应对

在工程施工中，当出现安全紧急事故时，应当立即采取急救措施，并立即通报事故。相关的注意事项如下。

一旦发生事故，立即向华为站点工程师/项目经理报告；若需要专业帮助，请立即拨打紧急求助电话；尽量让有急救资质（经验）的人员实施急救，避免伤员受到进一步伤害；不要轻易移动伤员，以防伤员受到进一步伤害。

野外施工时必须携带一个小型旅行急救包，每个人必须知道急救包的存放位置，急救装备必须满足工作的性质和人员的需求。

4.2　安全操作执行

本节将详细介绍常见的机房和网络设备相关安全标识、个人防护用品的分类和使用规范等内容。其中，安全标识主要包括禁止标识、警告标识、紧急状况标识和强制标识；个人防护用品有头部防护类、眼部和面部防护类、手部防护类、足部防护类及防坠落用品等。

4.2.1　机房和网络设备相关安全标识

通用的安全标识一般分为4类，分别是禁止标识（红圈白底带红色斜杠）、警告标识（黄底黑色图案）、紧急状况标识（绿底白色图案）和强制标识（蓝底白色图案）4种。图4-3所示为部分安全标识。

禁止驶入　　　禁止穿拖鞋　　　禁止烟火

（a）

当心车辆　　当心坑洞　　当心触电　　注意安全

（b）

图4-3　部分安全标识

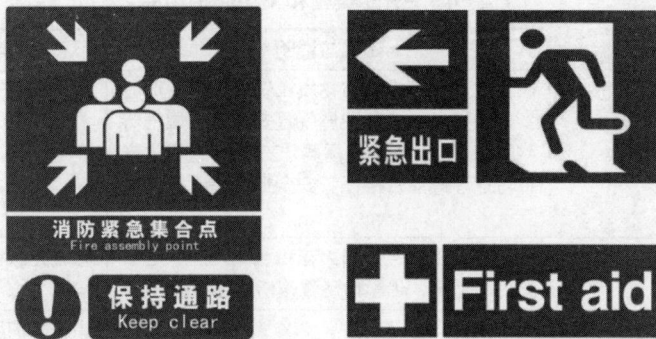

（c）

（d）

图 4-3　部分安全标识（续）

4.2.2　个人防护用品的分类和使用规范

在 5G 系统设备操作和维护过程中存在各种危险及有害因素，它们会伤害劳动者的身体，损害劳动者的健康，甚至危及劳动者的生命。个人防护用品（Personal Protective Equipment，PPE）指劳动者在生产过程中为免遭或减轻事故伤害和职业危害的个人随身穿（佩）戴的用品。PPE 可以保护操作人员的身体，避免其在工作时遭受设备或设施的伤害，即能预防工伤；能有效保护其身体健康，预防职业病。

任何设备操作和维护过程中都存在着各种危险和有害因素，正确使用和佩戴劳动防护用品是保障操作工安全的有效措施。

PPE 可分为头部防护类、眼部和面部防护类、手部防护类、足部防护类及防坠落用品等，如表 4-4 所示。

表 4-4　PPE 类型和常用防护用品

编号	类型	定义与说明	常用防护用品
1	头部防护类	防止生产过程中有害物质和能量损伤劳动者头部的护具。典型护具就是安全帽，属于特种防护用品。安全帽需要"三证"，包括生产许可证、产品合格证、安全标识证（安全鉴定证）	安全头盔、防静电工帽等
2	眼部和面部防护类	预防烟、尘粒、金属火花和飞屑、热、电磁辐射、激光、化学物飞溅等伤害眼睛或面部	防激光眼镜、护目镜、防护眼镜等
3	手部防护类	具有保护手和手臂的功能，供作业者劳动时戴用的手套等	橡胶防护手套（防酸碱和其他危险化学品腐蚀）、指套、耐热耐寒手套、防割手套、棉纱手套等
4	足部防护类	防止生产过程中有害物质和能量损伤劳动者足部的护具	防静电鞋、防刺穿鞋、防高温鞋、电绝缘鞋、防酸碱鞋等
5	防坠落用品	在高空作业时，防止人体从高处坠落，保护人身安全的用品	安全带/绳、安全网等

表 4-5 所示为不同工作场景下的 PPE 配置要求。具体的工作场景包括开挖作业、挖沟、吊装、使用带电工具、高空作业、布线、搬运设备、装卸物品、仓库作业、EHS 检查等，相关的 PPE 有安全帽、安全鞋、荧光马甲、安全手套、安全绳、双挂钩安全绳、施工定位绳和防护眼镜等，这些防护用品需要满足的 CE 认证标准有 EN397、EN20345、EN471、EN388、EN361、EN358、EN813、EN355、EN354、EN362、EN166 等。

表 4-5　不同工作场景下的 PPE 配置要求

通用要求		安全帽 EN397	安全鞋 EN20345	荧光马甲 EN471	安全手套 EN388	安全绳 EN361 EN358 或 EN813	双挂钩安全绳 EN355 EN354 EN362	施工定位绳 EN358	防护眼镜 EN166
施工类别	开挖作业	✔	✔						
	挖沟	✔	✔	✔	✔				
	吊装	✔	✔		✔				
	使用带电工具	✔	✔		✔				✔
	高空作业	✔	✔		✔	✔	✔	✔	
	布线	✔	✔		✔				✔
	搬运设备	✔	✔		✔				
	装卸物品	✔	✔	✔	✔				
	仓库作业	✔	✔		✔				
	EHS 检查	✔	✔	✔					

PPE 使用时要注意使用规范，如在工程施工前要确保检查防护用品，包括安全帽、施工证、安全衣（高空作业时）和安全鞋/靴。

在进行焊接、打磨等特殊作业时，需要使用联合防护，包括眼睛保护、耳朵保护和防护手套。

在高空、开放边沿等作业时，必须穿安全衣并固定，安全衣和安全带必须配套使用，禁止只使用安全带，且系索两端必须可靠系于安全衣。

PPE 损坏时要及时更换。

4.3 EHS

EHS 指环境、健康和安全。EHS 管理是指健康、安全和环境一体化的管理，EHS 管理的目的是保证施工过程、施工人员（包括员工、客户、分包商及相关方人员）的安全。EHS 管理为工程施工过程（环境、健康和安全方面）的管理提供了规范指导。

4.3.1 EHS 管理的主要内容

EHS 管理的主要内容包括人身安全、野外区域和防火安全、工程施工作业安全、工具和机械设备安全、交通安全 5 个方面的管理，如图 4-4 所示。

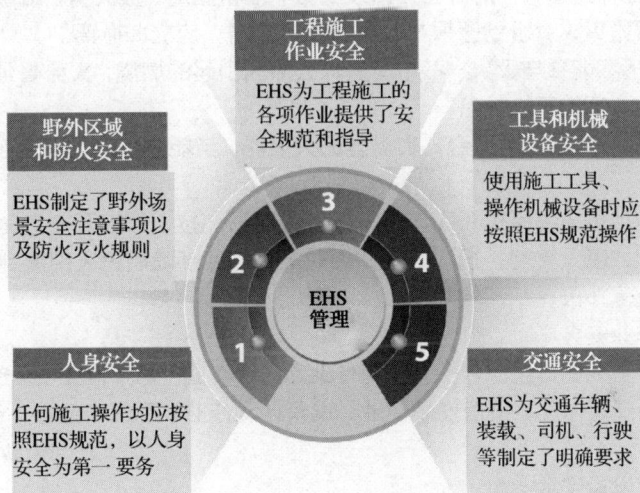

图 4-4　EHS 管理

（1）人身安全

人身安全方面主要需要注意以下内容。

工程施工前作业人员应熟悉工程现场环境，以防止与其他公司交叉作业时发生事故；搬运设备必须有足够的人力和可靠的搬运工具，索具绑扎紧固，防止人员被砸伤、压伤；开箱应佩戴手套并正确使用工具，形状尖锐易伤人的包装箱板应尽快清离施工现场；设备安装过程中需要使用电钻、电锯、刀具等锋利工具时必须严格遵照工具使用说明书操作。

货物堆放要整齐、重心稳定，防止其倾覆砸伤工作人员，并保留足够的通道；设备固定过程中必须有人协助保持机柜平衡，防止其倾覆；楼板过线孔洞、竖线井口属于高危地带，必须有保护措施；行走通道的防静电地板在设备硬件安装完毕后必须牢固复原，避免人员踩空摔倒；室内登高作业应确保梯子（或其他承重器材）的稳固，登高作业者的操作工具和材料应该妥善放置以免跌落，登高作业期间其作业区地面部分人员应全部撤离至安全区域。

设备硬件安装操作必须在无电情况下进行，如果确实需要在带电设备中操作，则作业人员除工具外，衣着不能有其他外露的金属物件，且工具工作面外的金属部位应用胶布缠绕绝缘，作业人员必须佩戴绝缘手套；对于有强光源的设备，不能直视发光处，以防止强光对眼睛产生损伤；

对于化学制剂的操作，必须有保护措施，严禁裸手接触；在通风较差的管道等狭小区域中作业前，必须先通风。

（2）野外区域和防火安全

以下是野外区域应当注意的安全事项。

① 在进行高风险工作时，充分利用同伴的帮助。

② 督导或经理必须了解工作的路线、工作区域和工作任务。

③ 若在预定时间与施工人员未取得联系，则应启动紧急预案。

④ 若有风险，则应准备充足的水、食物等。

⑤ 车辆在偏远区域必须符合使用要求，定期维护等。

⑥ 配备紧急电话（卫星/移动），出发前测试并配备充足的电池等。

⑦ 出发前检查所有安全设备，如灭火器、急救箱、工具包等，以满足工作需要，并定期维护。

⑧ 携带充足、合适的衣服，以在低温、高温、大风、雨雪等恶劣天气条件下保护身体。

以下是防火应当注意的安全事项。

① 若发现火灾或怀疑着火，则应当立即发警报，准备撤离；报火警；疏散到集散点；当火势较小、可控时，先尽力灭火；听到警报或收到撤离通知时，应立即撤离。

② 在以下情况下不能参与灭火：不知道是什么原因引起的燃烧；火势蔓延得非常快；有大量的烟雾；没有充足或合适的灭火设备。

③ 使用灭火器时，确保使用适合火灾类型的灭火器。当能力有限，无法与火灾战斗时，应紧急疏散。

大多数灭火器使用技巧包括拉、瞄、压、扫、看5项。拉，即拉开安全销；瞄，即对准火的底部；压，即压手柄，喷灭火剂；扫，即从侧面对准火的底部喷洒灭火剂直到扑灭；看，即看区域，若火重燃，则重复扑灭。

（3）工程施工作业安全

工程施工和作业主要包括登高作业、带电作业、光纤作业、射频作业、设备保管和搬运作业、铁塔安装作业、天馈安装作业、设备安装作业、设备调测作业、环保作业等，各项作业的EHS规范请参考后文。

（4）工具和机械设备安全

使用工具和机械设备必须遵守以下安全要求：工具和机械设备完好，定期维护；在工作中正确使用合适的工具和机械设备；使用前检查工具和机械设备是否损坏；根据手册操作；准备和使用合适的个人防护用品。

（5）交通安全

交通安全主要包括车辆要求、司机要求、司机注意事项、车辆注意事项、装载注意事项等内容。

车辆要求：车辆必须符合使用要求，状态维护良好，安全带正常使用；载客符合车辆设计要求，严禁超载；载重符合车辆设计要求，严禁超载。

司机要求：有驾驶证，经过培训，身体健康，休息充分，具备警惕性；行驶中禁止使用手机；禁止酒后驾驶，服用麻醉性质类药物后禁止驾驶；在高危险区域中驾驶时，必须制订行程计划；每天必须设定安全的行驶里程；必须系安全带驾驶；若驾驶摩托车等，则必须戴安全帽。图4-5所示为交通安全相关标识。

司机注意事项：在行驶过程中，司机要全神贯注地驾驶，注意交通标识、路况等，遇紧急情况应快速采取行动；长途驾驶前，提前制订计划，减少长途行驶压力，建议每2小时停车休息；此外，要避免争斗驾驶，驾驶应保持冷静，友好礼貌对待其他司机，注意遵守道路限速和交通规则，停车、行驶等保持安全距离，以车速60km/h为例，安全距离应大于60m。

强制标识：必须系安全带　　　禁止标识：行驶过程中禁止使用手机　　　禁止标识：禁止酒后驾驶

图 4-5　交通安全相关标识

车辆注意事项：主要包括行驶前检查、日常维护、轮胎检查和雨刷检查等。行驶前要检查车辆，确保反光镜、标识、灯等干净、无损坏，胎压合适，胎面符合要求，如图 4-6 所示；日常维护包括变速箱、油料、刹车等的维护；轮胎检查主要包括检查胎压，防止爆胎，检查胎面和旋转性，保证轮胎尺寸等；要检查雨刷的活动性，如发生雨刷硬化、碎裂等，应及时更换。

胎压不足　　　　胎压合适　　　　胎压过大

图 4-6　确保胎压和胎面符合要求

装载注意事项：严禁超载，确保车辆货物安全；手动装卸货物时，注意安全；人货分离；如果人货在同一空间，则应确保人员不在紧急情况下被伤害。

4.3.2　登高作业 EHS 规范

高空作业的定义如下：凡是在距坠落高度基准面 2m 以上（含 2m）有可能坠落的高处进行的作业，都称为高空作业。施工人员在高空边缘作业时，必须穿安全衣，不能仅使用安全带，工具等物品必须远离边缘。

高空作业分为以下 4 个级别。

Ⅰ 级高空作业：作业高度为 2～5m。

Ⅱ 级高空作业：作业高度为 5～15m。

Ⅲ 级高空作业：作业高度为 15～30m。

Ⅳ 级高空作业：作业高度在 30m 以上。

高空作业时需要注意的事项如下。

① 必须设置工作区域，设置工作牌及看护人员。

② 必须使用工作平台，如梯子等，同时为了确保安全，必须有人协助扶稳梯子。

③ 平台上有人时，严禁移动。在平台上工作时，须锁紧轮子，作业人员选择刚性固点系好安全装置，避免坠落。

此外，还须注意以下情况。

① 不允许单独一人爬塔工作，必须有看护人员陪同。

② 必须在爬塔前检查安全衣，且爬塔必须穿安全衣。

③ 确保系索系 2 个不同点。

④ 携带的工具应装在包内，避免跌落。

⑤ 雨雪、大风等天气情况下禁止爬塔。

4.3.3 带电作业 EHS 规范

带电作业的 EHS 规范具体如下。

① 通信电源施工人员必须是电工专业人员，严禁无证上岗施工。

② 通信电源施工要严格按照设计文件要求进行，应有监督人员监督施工。

③ 通信电源施工前必须保证设备所有开关处于断开状态，在开关处设有"停电作业，严禁合闸"等警示牌并做好防护隔离，场地出入口、门等也均需设置警示牌，现场设专人监控。

④ 业主侧通信电源设备的操作严格按合同工程界面操作。

⑤ 使用业主电源前必须向业主提出加电申请，经业主同意后方可操作。

⑥ 受电设备应严格按照设计文件或者业主电源规划接入供电（配电）设备指定位置。

⑦ 设备加电前必须用测量仪器检查系统电源连接符合安全要求。

⑧ 使用前检查电器设备和电源线。

⑨ 保证电器设备和电源线有标识。

⑩ 使用保护设备，如绝缘手套、鞋等。

⑪ 检查电源操作工具，更换损坏或有隐患的操作工具。

⑫ 保证容量匹配，禁止随意改变容量。

⑬ 不使用金属梯子在电源区域工作。

⑭ 只有合格的电源操作者才可以进行电源操作。

当工作区域顶部有高压线时，需要注意以下几点：保持安全距离；工作前检查高压线高度是否满足工作要求；设备附件有电源线时，禁止攀爬设备；工作区域附近有电源线时，只能白天工作；在有工作限制的区域中工作时，必须有人陪同；设置适当的路障；当有人接触电线操作时，其他人不得直接接触其身体、工具、设备等，应该保持安全距离。

当设备带电，有人触电时，要注意：切断电源前不要试图救援，急救人员保持足够安全距离；立即打紧急电话求助；当有火情或其他危险时，受威胁人员应单脚跳离（或双脚并排跳）至少 9m，离开时不得接触设备。

要注意与高压电保持安全距离，具体的安全距离规范如表 4-6 所示。

表 4-6 高压电安全距离规范

电压	安全距离
1kV 以上	至少 1.0m
33kV 以上	至少 3.0m
330kV 以上	至少 6.0m

4.3.4 其他作业 EHS 规范

其他通信工程施工作业有挖掘作业、光纤作业、射频作业、设备保管和搬运作业、铁塔安装作业、设备安装作业、天馈安装作业、设备调测作业、环保作业等。各项作业均有具体的 EHS 规范，具体可参考表 4-7。

表 4-7 其他作业 EHS 规范

序号	作业名称	EHS 规范
1	挖掘作业	合适的支撑、通道梯、路障等，是保证挖掘安全的必备要素。 工作前，必须保证防护装置到位。 进行挖掘工作前，必须确保侧面有合适的支撑
2	光纤作业	裸光纤安全要求如下。 ① 若碎片进入皮肤，则必须将它取出。 ② 要佩戴眼镜等防护用品。 ③ 安装光纤系统和维护光纤系统作业时，必须经过专业培训的人员才能操作。 眼睛安全要求如下。 ① 不得直视正在使用的电缆末端。 ② 未使用的连接器必须戴帽，不得裸露。 ③ 正在使用的光纤末端应绑扎。 ④ 设置警示标识。 ⑤ 激光测试源很危险，不得随意放置。 严禁直视光纤末端、激光源等，激光源不得朝向自己或他人眼睛
3	射频作业	射频作业前，应确保了解射频安全区域，其他注意事项如下。 ① 涉及天线操作时，操作者进入站点必须获得批准，并遵守标识、警告和命令。 ② 到达或接近天线前，应确保了解安全天线的区域。 ③ 若上塔（抱杆）或操作在天线 5m 内，则必须在工作前申报。 ④ 若需要在非安全区域内工作，则必须申请切断天线电源。 ⑤ 禁止拆开正在运行的射频电缆、连接器等，避免接触射频烧伤。 ⑥ 损坏的射频线缆/连接器是有害的射频辐射源，必须及时通报。 ⑦ 除了射频电缆外，对于基站的其他光纤发射系统，操作者同样需要遵守光发射操作要求
4	设备保管和搬运作业	设备保管和搬运作业规范如下。 ① 设备到达后应该尽快组织开箱验货，清点无误后与客户双方签字确认。 ② 应根据货物包装箱外箱上印有的"向上""易碎物品""怕雨""堆码极限层数"等储运图示标识，在运输和保存过程中采取相应的防护措施。 ③ 货物堆叠放置必须整齐、重心稳定，一般的碰撞不会造成翻倒跌落，并预留搬运通道，不超过场地承重。 ④ 施工过程中不要妨碍客户已有设备的正常工作，不碰撞、不踩踏、不挤压客户的设备和电缆。 ⑤ 设备物品运输到现场后必须检查，确保物品外包装箱无破损、变形、水浸泡等现象。 ⑥ 防撞标签、防倾斜标签上显示设备防撞击和防倾斜方向，如有不符，则应按"开箱验货流程"检查反馈

序号	作业名称	EHS 规范
5	铁塔安装作业	通信铁塔属于高耸、笨重的钢铁建筑物，铁塔安装属于高空作业，施工难度大，安全问题尤为重要。 雨、雪、雾天气，风力≥5级，摄氏温度≥38℃、摄氏温度≤-10℃，杆件上有冰霜，夜间安装铁塔等场景严禁作业。 铁塔安装作业EHS规范如下。 ① 铁塔施工方案、施工现场材料机具、用电等安全检查。 ② 塔材装卸运输。 ③ 塔材储藏与保管。 ④ 工具的安全性能检查。 ⑤ 电动卷扬机、绞盘摆放应符合安全施工要求。 ⑥ 吊运设备器材安全系数要符合要求。 ⑦ 地网及接地系统符合安全规范。 ⑧ 以塔基为中心，以塔高乘系数1.1为半径围成施工区。 ⑨ 施工区和生活区划分明显
6	天馈安装作业	天馈安装作业EHS规范如下。 ① 天馈安装吊件应采取保护措施，抱箍安装牢固，仰角调整完后应双螺母锁死螺栓。 ② 大件设备上塔前必须确定临时固定方案，且通过现场安全人员审核。 ③ 塔下要有专门指挥人员，所有现场人员必须听从指挥人员统一指挥。 ④ 高空作业时下方严禁人员走动或进行其他作业。 ⑤ 天馈线必须沿走线架引下，走线架应设在塔中间，以防拉线塔中心偏离造成倒塌事故
7	设备安装作业	设备安装作业EHS规范如下。 ① 搬动设备需在设计的着力点把持，接触镀镍、锌等金属件必须佩戴手套。 ② 设备运送到现场后必须开箱检查，工具配备正确、使用方法恰当，避免工具对器件或设备造成损伤。 ③ 在位置高于设备处进行施工时，工具、材料、零配件应采取措施妥善管理。 ④ 大功率施工用电必须向用户电源管理部门提出申请，待其审批通过后方可操作。 ⑤ 接电操作前必须检查客户指定的施工用电的电源额定供给能力。 ⑥ 电源线在工作期间会发热，必须保证电源线与其他信号电缆分开布放，线径应满足设计要求，电源线、地线应使用整段电缆，中间不能有接头等。 ⑦ 高温作业（开始前必须清理作业区内的一切易燃物品，并有隔离和紧急扑救措施）。 ⑧ 设备安装应不影响消防、防盗设备的功效。 ⑨ 对设备单板、硬盘等含电子元器件的部件进行操作时，必须按要求正确佩戴防静电手腕和使用其他防静电配套设备。 ⑩ 当天工作结束时应清点物料、工具并妥善归类保存，做好"日清"工作。 ⑪ 施工结束后应清洁机柜表面等

序号	作业名称	EHS 规范
8	设备调测作业	设备调测作业 EHS 规范如下。 ① 设备调试过程中，若需要将调试设备（如便携机等）接在主设备所在网络中，则必须提前提交现场服务申请，向客户申请调测设备 IP 地址，并得到客户的许可后方可将调试设备（通常是便携机）接入客户主设备的网络。 ② 系统使用的软盘需要定期杀毒，硬盘中不能有与系统运行无关的程序或数据，主动检查设备运行状态及数据，清除故障隐患。 ③ 在处理外配套设备故障过程中，外配套工程师必须向最终客户和公司相关部门提交服务申请和处理方案，经批准后方能进行操作。 ④ 由于设备管理需要，客户自行编写的脚本必须通过代表处向公司研发部门提交，评审通过后方能实施。 ⑤ 不泄露公司未经授权许可对外公布的产品机密，不泄露不同运营商的商业秘密和技术机密。 ⑥ 不私下接受客户进行合同交付范围外的服务委托，经公司授权进行的义务服务也要按照正式工作对待
9	环保作业	环保作业 EHS 规范如下。 ① 施工中严禁破坏环境植被、文物、水源等。 ② 人员密集处拉线应采取特殊地锚做法，如采用混凝土承台升高地锚基础，使拉线距离地面保持净空高度 4.5m。 ③ 分包商施工完成后必须将现场恢复原貌，将剩余废料全部打包带离现场。 ④ 市区施工应严格执行城市噪声控制标准、施工作业时间要求。 ⑤ 市区施工应设保洁员。 ⑥ 建筑垃圾运输处理应按照所在国家或地区市政要求对车箱加盖，防止扬尘撒落

本章小结

本章主要介绍了 5G 系统设备通用操作的安全规范，5G 基站和系统设备安全操作的具体执行，环境、健康和安全管理的概念及其管理流程，并具体介绍了登高、带电等作业的典型 EHS 规范。本章知识框架如图 4-7 所示。

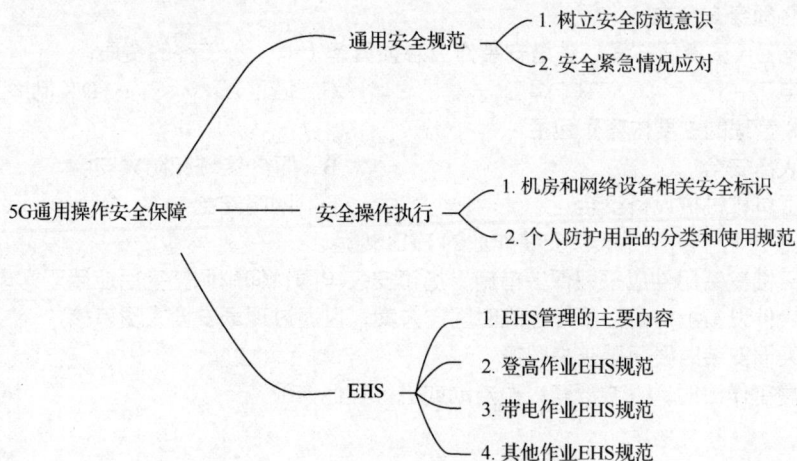

图 4-7 5G 通用操作安全保障知识框架

课后练习

单选题

（1）安全管理金字塔理论指的是（　　　）。

  A．海因里希法则 B．墨菲定律   C．"黑天鹅"事件 D．荷花定理

（2）设备操作与维护的安全管理总则中，（　　　）是不正确的。

  A．登高、电焊工等专业操作人员要持有上岗证书

  B．在危险区域施工应该装配必要的防护用具及安全作业工具

  C．操作施工中要遵守当地国家、客户现场安全管理制度、特定工程项目制定的专门安全生产管理规定

  D．施工人员担任安全生产责任人

（3）通用的安全标识一般分为 4 类，禁止标识的颜色一般是（　　　）。

  A．蓝色   B．红色   C．黄色   D．绿色

（4）EHS 管理指的是（　　　）。

  A．环境、健康、安全   B．能源、医疗、安全

  C．教育、医疗、安全   D．以上都不是

（5）高空作业不需要佩戴的防护用品是（　　　）。

  A．安全帽   B．安全绳   C．防护荧光马甲 D．安全手套

（6）关于作业 EHS 规范，（　　　）是不正确的。

  A．射频作业前，应确保了解射频安全区域

  B．安装和维护光纤系统作业需经过专业培训的人员才能操作

  C．高空作业时，下方严禁人员走动或进行其他作业

  D．夜间安装铁塔要配置照明工具

（7）以下（　　　）不是光纤作业的 EHS 规范。

  A．要佩戴眼镜等防护用品

  B．安装和维护光纤系统作业需经过专业培训的人员才能操作

  C．不得直视正在使用的电缆末端

  D．必须穿安全衣

（8）在施工人员资质方面，铁塔安装作业必须具备（　　　）工种的资质。

  A．电工   B．焊工   C．塔工   D．制冷工

（9）EHS 管理的主要内容不包括（　　　）。

  A．人身安全   B．野外区域和防火安全

  C．工具和机械设备安全   D．网络安全

（10）以下（　　　）不是天馈安装作业的 EHS 规范。

  A．天馈安装吊件应采取保护措施，抱箍安装牢固，仰角调整完后应用双螺母锁死螺栓

  B．大件设备上塔前必须确定临时固定方案，且通过现场安全人员审核

  C．天馈安装时要佩戴防护眼镜

  D．高空作业时，下方严禁人员走动或进行其他作业